未来十五年

[法]雅克·阿塔利 _ 著 赵斌斌 _ 译

中信出版集团 | 北京

图书在版编目（CIP）数据

未来十五年 /（法）雅克·阿塔利著；赵斌斌译
. -- 北京：中信出版社，2020.1（2020.7 重印）
ISBN 978-7-5217-1235-3

Ⅰ.①未… Ⅱ.①雅…②赵… Ⅲ.①未来学 Ⅳ.
① G303

中国版本图书馆 CIP 数据核字（2019）第 260356 号

Vivement après-demain ! by Jacques Attali
Copyright © Librairie Arthème Fayard 2016
Current Translation Rights Arranged Through Divas International, Paris 巴黎迪法国际版权代理
Simplified Chinese translation copyright © 2020 by CITIC Press Corporation
ALL RIGHTS RESERVED

本书仅限中国大陆地区发行销售

未来十五年

著　　者：[法]雅克·阿塔利
译　　者：赵斌斌
出版发行：中信出版集团股份有限公司
　　　　　（北京市朝阳区惠新东街甲 4 号富盛大厦 2 座　邮编　100029）
承 印 者：北京盛通印刷股份有限公司

开　　本：880mm×1230mm　1/32　　印　　张：6.25　　字　　数：95 千字
版　　次：2020 年 1 月第 1 版　　　　印　　次：2020 年 7 月第 2 次印刷
京权图字：01-2017-4952　　　　　　　广告经营许可证：京朝工商广字第 8087 号
书　　号：ISBN 978-7-5217-1235-3
定　　价：49.00 元

版权所有·侵权必究
如有印刷、装订问题，本公司负责调换。
服务热线：400-600-8099
投稿邮箱：author@citicpub.com

勇于尝试、无谓险阻、坚持不懈、持之以恒、忠于自我，敢于同命运抗争，在巨大的灾难面前，用自己的无畏惊艳世界，直面强权的不公正，轻视眼前缥缈的胜利，站稳脚跟，保持头脑清醒——这是人们真正需要的精神，能给人们当下灰暗的人生带来一线光明。

——维克多·雨果《悲惨世界》

目　　录

III　序　言

001　**第 1 章**
今日世界的狂潮
人类的明天会更好？ _004
正在恶化的全球性问题 _028

067　**第 2 章**
对全球危机的归因

第 3 章
愤怒的爆发

081

让一切朝着好的方向发展 _084

未来的巨大变革 _091

人类的成就不足以构建和谐世界 _101

"愤怒"型经济 _113

暴力手段的多样化 _122

愤怒情绪全面爆发 _128

第 4 章
美好的世界

139

从自己做起 _145

为世界行动起来 _157

167　致　谢

169　注　释

181　雅克·阿塔利的其他作品

序　言

　　若人类没有自此绝迹，若文明在未来的一个世纪依旧存在，或者未来的历史学家对研究当代人经历的一切仍抱有兴趣的话，他们会诧异于现在竟没有爆发一场席卷全球的革命来预示并阻止即将来临的"大灾难"。

　　未来的历史学家将滔滔不绝地谈论政治人物的疏忽大意，资本家的厚颜无耻，民众的摇摆不定，银行家的傲慢无礼，乐观主义者的幼稚无知，悲观主义者的消极被动，知识分子的喋喋不休，经济学家的虚荣自负，媒体的唯唯诺诺，弱者的顺从以及实践者微弱的影响力。然而，他们却对如何借助现有的科学知识探讨宇宙的起源一无所知，甚至无法考虑几周后（或数十年后）人类的未来。他们也不会明白为什么我们这个时代的人类会自取灭亡。他们将不禁思索人类怎么会浪费了那么多的精力、人才和能源，还要践踏无私、勇敢、善良的秉性，却不知道如何建设一个美好的世界。这些学者会在某些小册子和那些经常被听到却不曾被理解的演讲中去寻找灾难的征兆和人类反击的蛛丝马迹。有人甚至可能会援引哈姆雷特的话："那个时代的世界混乱不堪，连时间都是错乱的。"

事实上，在不久的将来，1年、10年或者15年后，总而言之，在2030年前，如果我们不予干预，无论是富可敌国还是权倾朝野，无人能幸免于这场由人类无休止的野蛮行为铸成的灾难，无人能在这场"海啸"中存活。未来人类只能在断瓦残垣上重建一个新的世界，扼腕叹息这一场本可以避免的灾难。

我希望通过这本书达成以下几个愿望：一是让读者认清未来世界的威胁和前景；二是让读者在做选择的时候有能力去衡量风险和机会，从而避过暗礁，顺利抵达彼岸；三是希望发现世界的美好，希望人人都能做真正的自己。

虽然我们有无数个理由去遐想今天生活的幸福美好，但事实上，我们的生活是一个悲喜交加的故事，并且这个故事的情节在发生不可逆转的变化，变得越来越混乱。

尽管经济活动不是人类生活唯一的组成部分，也无法完

序　言

全决定人类发展前景的好坏，但它却是今天人类社会分崩离析的根源。人类社会的根本其实可以归纳为这样一句话："假以自由之名，我们在这个世界强行建立了一种全球性的制度，今天的人类社会已成为一个以市场为中心，为金钱所驱动，无视其他事物的价值，奉行利己主义，唯利是图、背信弃义的社会；它容不下其他任何一种有意义的价值观或世界观，也不会遵守任何关系人类安全与自由的法律条款。"

若没有一个全球性的治理体系来强制市场遵守法律，市场将成为统治世界的独裁者——没有任何规则能够限制或调控那些损害自然环境的生产活动；没有机制可以减缓财富的集中化；没有制度可以抑制贫富差距的扩大；年轻人将很少有机会去展现他们的潜能；总体来说，没有任何事物能够使人们懂得关心他人的幸福。

这解释了我们这个时代为什么会产生不幸，也解释了为什么全球经济长期处于停滞状态，根据部分经济学家的预测，这种经济萧条可能会持续一个世纪。

当这样的社会状况成了一种全球现象时，一切事物都将成为可用于交易和买卖的商品。在科技发展的冲击下，未来将兴起一场全球性的但毫无价值的创新浪潮，所有人、所有事物、所有文明以及过去、当下、未来都将彼此连接、相互

未来十五年

交缠，在碰撞的过程中不断衍生出新事物：飞速（旋涡式）的变革、虚假的自由。就像河流纵横交错的交汇点，各种思想开始融合，对未来的不确定，对身份认同的迷惑，对存在意义的不解，在思想的河流湮灭前，人类会为生存下去而继续挣扎。

在这种动乱时期，最让人痛心的是，有些国家的政府为了摆脱困境，让后代背负更多的债务，或寄希望于突然出现一个虚假的救世主，让他弥补我们在经济、政治、思想和科技领域欠下的债，帮助解决所有难题，使我们从这场混乱中脱身。

然而，这样的救世主永远不会出现。人类既不会被市场内部的均衡力量拯救，也不会被一场奇迹般的改革拯救。若人类不洗心革面，提高道德修养，为了社会中所有的利他者，即那些关心下一代命运的人创造有利条件，使他们成为带动社会发展的核心力量，并构建一个有利于全人类的全球性法律体系，那么人类终将走向毁灭，而我们今天经历的苦难只是一个小小的预兆。

等待是无用的。更可怕的是，我们越不去面对这些挑战，来自大自然和社会的报复将越猛烈。我们正处在一个经济狂热，充满暴力的社会，在这样一个社会，大多数人无法分享那些集中在小部分人身上的财富，被沮丧压得透不过气。这种狂热的情绪终将转化成愤怒，甚至挑起战争。我们不应盲目接受他人的引导，片面谋求个人发展，因为只有全社会每个人的潜能都得到充分发挥，我们才能创造更美好的世界。

多年来，很多目光长远的人已经预见到了未来会发生的技术革新和巨大变革。每当想到未来人类可能会把社会暴力看成是理所当然的事，就像我们现在对待懒惰的态度一样，我们就会惊恐地发现，未来的世界会比那些最黑暗的预言还要可怕。为了避免情况变得更糟糕，许多人已经开始行动，希望为下一代人构建一个美好的世界。

为了构建一个更加美好的世界，从现在开始行动是否为时已晚？我无法给出确定的答案，但是毫无疑问的是，等2030年再开始行动肯定是来不及了。

因此，我在这本书中讲述的是从现在到2030年关乎每个人切身利益的事，可能包括好的预测，也可能包括不好的，我的目的是让大家明白我们现在应该立即采取行动，为了我们自己，也为了地球上千千万万的人。

对我而言，为了达到这个目标，使用许多已为人知或尚未被人知晓的数据是必不可少的。这些数据能让我们知道未来世界会变得更加疯狂，无论是好的方面还是坏的方面，未来世界只会是加强版的今日世界。

　　面对未来的挑战，喜剧和悲剧，今天人们的所作所为好像在表示他们已经放弃了抵抗命运的机会。就像在一场舞台剧中，大多数人都选择了当观众。然而，剧本已经写好，演员们也一个接一个登上舞台。如果我们不马上行动，不登上这个舞台去成就自己并成就他人，不努力去改写剧本、扭转局面，那么这场不可避免的噩梦很快将成为现实。

　　我们需要认清现实，当务之急是掌控自己的命运。我们不应等到全人类都成了一根绳上的蚂蚱的时候再行动，到那时谁也救不了谁，不论是个人还是集体都只能陷入无能为力的境地。

　　预言既出，就应当机立断。虽然前路荆棘满布，甚至政府可能也无法像往常一样发挥其对民众的影响力，但人们还是应该振作起来。首先，我们要重视自己的生命，不要让他人左右自己的想法；其次，我们要认识到自己的独特性和生命的短暂，了解自己的幸福与他人幸福的密切相关，更广泛些来说，我们应知道自己与这个世界现在的样子和未来可能变成的样子息息相关。因此，我们更应拿出行动的勇气，为自己，也为他人。

　　"做最好的自己"将决定这个世界的未来。

第1章
今日世界的狂潮

为了使人类的生命在宇宙漫长的历史中有一定意义，使人类不仅仅满足于眼前琐碎的时间，我们必须去了解这个世界。我们要做的第一件事，就是绘制一幅反映世界真实面貌的图像。

我们处在一个需要用数据说话的时代，大多数事实都必须用数据来陈述，数据也变得越来越复杂，但也只有在这样的背景下我们才能绘制出一张反映社会现实的"实景图"。千万不要忘记，这一过程的关键应该是能够在科技进步的洪流中，在政治和文化等领域发出的微弱信号中，捕捉有关人类的思想、利益关系的信息，这些往往是很容易被人们忽视的。

历史之所以有意义，是因为它具有两面性。自人类出现以来，人类便展现了创造财富的能力，也暴露了巨大的破坏力。为了追求快乐和自由，人类不断积累财富，同时也表现出强大的自我破坏力，这种自杀式的行为也必将毁掉地球上其他所有生命体。

一直以来，世界上同时存在着光明与黑暗、暴力与和平、野蛮与文明、创造与破坏。有时善多于恶，有时则相反。几个世纪以来，启蒙和"对罪恶的审判"总是交替出现，混杂在充满不确定性的历史运动中。

在我写作本书时，世界上仍有许多人用各种方式行善，行善者的队伍也越发壮大，不过，当今世界仍然存在黑暗势力。

在我们认识这一现状后，为了构建一个美好的未来，我们需要让这些势力彼此制衡，而在这之前，我们必须列出一份可以消灭这些黑暗势力的力量清单。

人类的明天会更好？

对当今世界的状况，许多人都认为无须担忧，一切都很顺利，没有什么危机能够对人类造成真的威胁，最坏的时代已经过去，人类会有一个美好的未来，市场会无条件地提供解决所有问题的方法。大量的数据表明，人类社会的许多方面确实都在变得越来越好。如全球生活水平不断提高，尤其是那些极度贫困的国家，人民的生活水平有了极大改善；人类的人均预期寿命延长了许多，从前不易获得的物品和服务现在几乎都唾手可得；民主政治也在不断发展，国家间的关系越发紧密；此外，从某种意义上来说，全球暴力水平降低了许多。

全球生活水平持续改善

从数据来看，一个世纪以来，人类的平均生活水平稳步提高，近30年来这一趋势尤为显著。更具体来说，与1975年相比，世界各国GDP（国内生产总值）均有所增长；与2000年相比，全球GDP甚至实现了翻番。此外，中国和印度的GDP在2008—2015年间都增长了一倍多。2000年，中国的发展水平只相当于1939年的美国，但2015年时，中国的发展水平已经相当于1972年的美国了。[1]

全球人均GDP（以购买力平价计算）在1990—2015年增长了约两倍，从5 400美元增长至15 400美元，其中亚洲国家和地区的增长速度远超其他大洲。

这种发展趋势阐述了一个普遍的、纯粹的现实，或许我们应该重新思考它所传达的信息及其背后隐藏的含义。

人均寿命持续增长

半个世纪以来，世界人口的平均寿命显著增长，从 1965 年的 46.9 岁延长至 2015 年的 71.4 岁。[2] 与 2000 年相较，现在世界人口的平均寿命增长了 5 岁。这是 50 年来世界人口平均寿命增长速度最快的一段时间，主要得益于孕妇死亡率和婴儿死亡率的降低，以及改善人类免疫缺陷药物等多方面研究的进步，非洲人的平均寿命增长速度最快：2000—2015 年，非洲人的平均寿命延长了 9.4 岁。发达国家和发展中国家的平均寿命差距从 1950 年的 23 年缩小为 2015 年的 10 年。

极端贫困人口数量减少

1985 年，全世界生活在极端贫困环境下的人口是 2015 年的 3.5 倍。极端贫困标准上调（从每人每天的生活支出低于 1.25 美元调整为低于 1.9 美元）后，极端贫困人口数量在 2015 年第一次低于世界人口总数的 10%。[3] 更准确地说，

2012年，世界极端贫困人口数量为9.02亿，2016年，世界极端贫困人口数量减少至7.02亿（约占世界人口的9.6%）。

还有其他的数据也可以说明极端贫困人口数量的减少。例如，1990—2014年，世界饥饿人口数量下降了39%；在新兴国家中，这一数据由人口总量的20%降至12%。[4]

对低收入群体来说，这些数据无法完全清楚地解释现在的道德悲剧以及世界的混乱。在后文中我们将继续谈到这个话题。

大量商品成本和服务成本的降低

经济全球化使各个产业相继加入创新竞争中，科技的进步促进了生产力的提高，这极大地降低了许多产品的成本，并提高了人们的购买力。

在国际贸易快速发展的背景下，我们目睹了国际化生产的形成和价值链的重组，生产成本因此变得非常低。1995年，全球商品出口总额为5万亿美元，2014年增长至19万亿美元。根据WTO（世界贸易组织）的统计，2014年，全球服务贸易出口总额为5万亿美元，而1995年这一数据为1万亿美元。相应地，世界贸易总额占全球GDP的比例由 1995 年的 20% 升至 2014 年的 30%。根据联合国贸易与发展会议的统计，世界各国对外投资总额由 1995 年 3 000 亿美元增加到 2015 年的 1.7 万亿美元。

贸易的全球化让我们可以在成本最低廉的地方生产生活必需品，这降低了商品的价格，这对服装行业来说也是一样的，1970—2012 年，服装价格大幅降低。1970 年，英国的服装价格是 2012 年的 6 倍，在美国这一数字为 2.75 倍，法国为 1.25 倍。[5]

同样，近 10 年来，电视、移动电话、太阳能板等商品的价格下降幅度都让人瞠目结舌。自 1997 年以来，笔记本电脑及其相关设备的价格降低了 90%；[6] 接入互联网端口（入网）的价格降低了 25%；自 1996 年以来，移动电话的服务费降低了 50%。[7]

新媒体迅速普及

2016 年，全球有 70 亿人（约占世界人口的 95%）可接入移动网络（其中有 62 亿人可接入宽带网）；全球有 38 亿人拥有手机，自智能手机问世以来，全球超过 20 亿人成为社交网络的活跃用户。

第 1 章 今日世界的狂潮

据世界银行数据，2016 年，全球有 49.2% 的人使用互联网，但在 1996 年，这一数据仅为 1.3%。根据 We Are Social 公司①《2017 年全球数字报告》，2017 年，全球约有 23 亿人是社交网络的活跃用户。2016 年，全球每天共发送 1 440 亿封邮件（其中 68.8% 是垃圾邮件）。每天新开通的网站有 822 240 个。2015 年，各大主要社交网络每天共有 35 亿张照片上传，而在 2009 年，这一数字为 1 亿张。[8]

2015 年，全球互联网数据交换总量为 960 艾字节②，而 1999 年仅为 54 拍字节。

每个人在互联网可自由支配的数据数量也大幅增长。1995 年，当时最先进的搜索引擎 Lycos 可搜索到 150 万份资料，[9] 2016 年，谷歌可搜索到 60 万亿份资料。[10]

许多功能强大的免费通信工具应运而生：Skype（一款即时通信软件）用户每天的在线通话时间长达 30 亿分钟，[11] WhatsApp（瓦次普）用户每天的通话数量有上亿个。[12] 谷歌每天要完成 33 亿条搜索请求。[13] 在交易方式方面，2014 年，全球有 11.5 亿人至少使用移动设备进行过一次在线交易。

---

① We Are Social 是一家社会化媒体专业传播公司，总部位于英国伦敦。——编者注

② 1 艾字节 =1 024 拍字节。——编者注

2014 年，撒哈拉沙漠以南的非洲地区有 16% 的居民使用网上银行服务。[14]

电脑、手机和互联网的普及使大多数人（包括那些最孤立、最贫困的人）可以与他人建立联系，这颠覆了居住在偏僻山村的人的家庭生活。因为可以及时联系上护士或医生，村民的健康得到了更好的保障，使用电话报警也改善了乡村的治安。农民通过网络可以学习与农作物相关的知识，不必依靠中间商提供的商品信息，从而提高了收入。

与此同时，一些先前未预见到的新型服务也出现了，包括世界范围内的通信分析和情报获取等。2015 年，已经有 36 亿个物品与全球卫星定位系统相连接，其中有 30 亿个是智能手机。[15]

农业、教育和医疗领域的变革

通过使用连接器和传感器等设备，人们可以实时获取生物、气象、农药等大量与农业生产有关的信息。在这样的背景下，Geofolia 分散型控制系统应运而生，这一系统可以即时分析采用不同耕种方式对农产品产量及土地的影响，并根据得出的数据给农民提供最直观的指导。例如，由以促进环境保护和农业发展为目的的技术研发中心Crocus研发的一个传感系统，可以捕捉所有分散的数据，并通过分析有效地预测潜在风险（如有害物质和谷物病害等）。[16]与此同时，人们开始使用无人机来了解一个地区的植被覆盖率，从而估算这片土地的预期产量。还有一种名为BoniRob的农田智能机器人，可以以最快的速度从谷物中区分出杂草并消灭它们。

新型科学技术也极大地推动了教育领域的发展：美国Class Central网站在2016年已开设了4 200节慕课课程（MOOC，大规模开放在线课程），这些课程由来自全球各地的600余所大学提供。事实上，2015年全球已经有3 500万大学生上过慕课课程。在美国，超过580万大学生在2014年9—12月至少上过一门在线课程，当时提供线上学习服务并提供相应文凭的机构共有2 100万学生。[17]Coursera（提供免费在线课程服务的领军企业）的一项研究显示，为了保障尽快就业，最能在在线学习系统中受益的往往是那些没有文凭的人。40%没有文凭的人表示在线学习对他们的就业有明显的积极影响，而那些已经拥有本科或更高学历的人，对在线学习持肯定态度的不超过33%。[18]

2013年，印度远程教育的注册用户数量（有近300万的用户）是高等学校入学人数的12.5%。[19]沪江网校作为中国在线教育的领军企业，自称注册用户超过8 000万（其中300万注册了付费课程）[20]，其在线课程中最受欢迎的是高考冲刺培训课程。

数字医疗给大众提供了更综合的医疗服务，同时使医疗信息的共享和医疗记录的处理实现了自动化与数字化，数字医疗使患者的就医过程摆脱了由物理距离带来的困扰。2015年，数字医疗软件在北美被下载超过4 400万次。根据世界卫生组织的报告，2015年，欧洲有31个国家与地区为患者提供电子病历，有38个国家已经启用远程病情监测系统，以便对一些重症病人的病情进行实时监控。[21]英国有一项研究选取了6 200个病人作为研究对象，其目的在于评估远程病情监测对治疗的作用，2015年的研究结果显示，远程病情监测使病人的医疗支出平均降低了8%，住院率降低了14%，死亡率降低了45%。

科技创新降低工作难度

机器人的出现改变了人类的工作模式和日常生活环境。2014年，全世界共售出22.9万台机器人（比10年前多了两倍，与2013年相比增长了30%）。[22]现在全世界有120万台工业机器人已经投入使用。[23] 全球经济数据表明，亚洲是机器人产业的第一市场。其中最值得一提的是"协作机器人"，即由人指挥，可以协助完成重复性繁重任务的机器人，此外，机械外骨骼的发明减轻了工人的身体负担。

企业组织形式正在改变

为了实现信息在各个层次的自由流通，突破自上而下的传递模式，现代企业的结构正在从高度集中的、垂直的、分等级的金字塔模式逐渐转变为一种中心分散的自主决策平行结构。越来越多的企业需要从金融市场获得资金，它们不得不定期公布它们的账目信息并保证股东可以自由获取相关信息，以此来获得陌生股东群体的信任。今天，单纯依靠银行贷款来支撑资金周转的企业越来越少。将企业和一个拥有共同利益或整体利益的经营目标联系在一起，促生了新型的企业组织形式。

共享经济蓬勃发展

新科技促进了共享经济的发展，让消费者可以将自己的资产投入市场，甚至与企业竞争。2013年，全球共享经济创造的营业额达260亿美元，共享经济创造的价值似乎将超过它带来的负面影响。爱彼迎（Airbnb，美国度假屋租赁公司）作为共享经济的领军企业之一，每天为42.5万人提供住宿，年均住宿人次超过1.55亿。而著名的连锁酒店希尔顿在2014年仅有1.27亿人次入住。[24] 优步（Uber）作为共享交通的领导者，在全球超过250个城市运营，2016年6月，优步宣布其市场估值为660亿美元，远超达美航空公司、美国航空公司和美国联合航空公司等大型航空公司的市场价值。

全球合作与利他主义的发展

在全球范围内，人道主义和利他主义活动广泛开展，队伍越发壮大，与贪婪的个人主义者截然不同，他们依靠行动改变现实。这些行动者分为4类：非政府组织、联合国机构、国际红十字会以及来自各个国家的组织。2014年，国际人道主义援助行动获得的220亿美元资助中有60%来自联合国机构，20%来自非政府组织，10%来自国际红十字会，另外10%来自政府间的双边援助。[25] 这些机构的行事方式各不相同。非政府组织分成两派,一派为斯堪的纳维亚模式,这类机构由政府资助,是政府实施对外政策的工具;另一派是地中海模式,像无国界医生一样,他们也接受政府的资助,但行事方式与政府不同。

近年来,亚洲的非政府组织也逐渐发展了起来,它们的运作模式不尽相同。孟加拉国农村发展委员会(BRAC,当今世界最大的非政府组织之一)通过该组织资助者旗下的一个社会企业网获得了5亿欧元的援助(占其年预算的80%)。印度的纳安迪基金会(Naandi Foundation)建立了一个包括400家迷你乡村污水处理工厂的网络,可为60万人提供干净的饮用水。可持续医疗基金会通过建立一套可注册商标的药房和诊所系统,为工作人员提供了具有竞争力的薪水,从而极大改善了肯尼亚和卢旺达等地贫民窟的医疗条件。当然,除了以上提及的这些,还有许多奔走在世界各地以帮助他人为目的的组织。

与那些非政府组织一样,还有一些平台可以让好心人通过志愿活动去帮助他们的同胞。例如,法国的一个咨询平台MakeSense聚集了来自美国旧金山和越南胡志明市的超过5 000名成员。这个平台共有几百个小组,可以帮助200多位企业家解决他们在企业发展过程中遇到的困难。[26]

通过资助自己的项目和非政府组织的项目，许多基金会在解决全球性社会问题方面扮演着重要角色。2011年，美国慈善捐款总额达到GDP的2.3%，法国的这一数据为0.2%，日本为0.25%，德国为0.4%，英国为1%。[27]据《慈善美国》（美国慈善业的年度报告）的数据，2015年，美国民众以个人名义向基金会捐款的数额接近600亿美元。因为这些基金会的存在，资助非洲疟疾患者的资金在2010—2015年增长了10倍，在非洲，疟疾的患病率降低了25%，因此疾病致死的人数下降了42%。

156位美国亿万富翁已经加入"捐赠承诺"行动，同意在生前或者死后捐出个人财富的50%。2016年4月，捐赠总额达到3 650亿美元（139位亿万富豪已经在承诺书上签字）。2016年9月，脸书的创始人扎克伯格又增加了30亿美元捐款用于医疗研究。

民主在发展

近50年来，东欧、亚洲、非洲、拉丁美洲的许多国家都建立了民主制度。分布在世界各地的众多机构和非政府组织在很大程度上保证了选举的真实性、媒体的言论自由及对各党派的尊重。侵犯人权的行为越发不可能逃脱国际特赦组织等非政府组织的监督。检举者成为提升民主透明度的主要实践者。2010年，布莱德利·曼宁在维基解密网站上曝光了美国军事和外交方面的秘密文件。2013年，美国中央情报局前职员斯诺登披露了美国国家安全局"棱镜计划"的秘密文件。2015年，赫尔夫·法西亚尼将汇丰银行瑞士分行的外国客户名单交给了欧洲各国政府。普华永道前职员、卢森堡避税丑闻揭发者安托万·德尔图尔披露了跨国公司和卢森堡政府之间的税务记录等相关文件。2015年，在世界范围内检举者发起了638件司法调查。这些调查对提高企业和政府行为的透明度，以及改善民主环境有着非常积极的作用。

以美国为中心的世界地缘政治格局

2016年，世界地缘政治格局依然以美国为中心，目前还没有国家可与之抗衡，美国在政治和经济方面的影响力使它能够维持现有的世界格局。

美国一直践行民主制度。据某个非政府组织称，美国拥有较为健全的民主制度，这得益于其制度的稳定和公民的自由。2015年，在《经济学人》杂志对世界上200多个国家民主指数的评比中,美国位居第20名。

美国的军事实力无疑位居世界第一:2016年,美国的军费预算世界第一。美军约有13 900架飞机、920架攻击型战斗机、20艘航空母舰、72艘潜水艇。美军现役部队人数和预备役部队人数分别约有160万和110万,而作为世界第二军事大国的俄罗斯,现役部队人数和预备役部队人数分别约有76.6万和250万。目前,美军有374个海外军事基地,分布在全球140多个国家和地区,数量占世界海外军事基地的95%。[28]美国拥有约6 970枚核弹头(其中2 300枚在等待拆除),2016年,法国有300枚核弹头,英国有215枚核弹头。[29]

在2008年金融危机过后,美国经济发展逐步重回轨道,各创新领域取得了长足发展,新企业如雨后春笋一样涌现。2009—2016年,美国失业指数降低了一半,并在2016年6月稳定在4.9%。美国家庭的负债水平重回2002年的水平。美国也在继续吸引各类人才,10年来,移民美国的印度科学家和工程师的数量增长了85%。硅谷的1.9万家创业公司几乎控制了整个世界的科技生态系统。在那里,有大量资金被用于支持各类创新。

今天,美国媒体在世界范围内的影响力比以往更大,美国传媒和娱乐产业的营业额占该产业全球总营业额的 1/3。

全球对生态问题形成共识

全球气候恶化已成为一个事实,这促使人类认识到了保护环境的重要性。在过去 5 年内,全世界超过一半的高收入国家和超过 1/3 的低收入国家的大气污染物排放量减少了 5%。[30] 有些国家做出了更多努力,根据气候行动追踪组织的报告,不丹位列世界生态国家之首。不丹政府早在 2005 年就推出了一个全国性的环保项目,给农民提供生态种植方面的培训。此外,这个国家还竭尽全力实现无碳环境,致力于兴建水力发电站。哥斯达黎加在 2007 年宣布,2021 年将实现"零碳排放",到 2030 年,使温室气体排放量减少 25%。现在,这个国家遵守着这些承诺,并致力于开发生态旅游产业,以保护亚马孙河流域的森林(这里聚集着世界上 6% 的物种)。作为 2017 年第 22 届联合国气候大会的主办方,摩洛哥将可持续发展和保护自然资源写入了该国新宪法。

从更大范围来看,2015 年在巴黎举办的第 21 届联合国气候变化大会取得的成果堪称典范——近 200 个缔约方一致同意通过《巴黎协定》,主要目标是确保 21 世纪全球平均气温升高不超过 2 摄氏度。从某种程度上来说，这也是数千家非政府组织向各国政府施压的结果。《巴黎协定》是世界各国为应对气候变化缔结的国际条约。全球两大碳排放国——中国和美国均已签署这个世界性的气候协议。①

此外，其他领域的可持续型经济也在不断发展。世界各地关于可持续型经济的创新也越来越多样化。《联合国防治荒漠化公约》提出在荒漠地区实施一种新的生态管理方法并为荒漠地区提供大量的发展援助。印度设立了一个研究土壤含盐量的专门机构，隶属于印度农业研究理事会，负责建立土地的可持续管理机制，控制农业用水质量。

越来越多人开始尝试用创新的方式改善环境。2016 年 8 月，南非一位 16 岁的少女奇亚拉·尼尔金发明了一种用橙子皮和牛油果皮为原材料，可以减少土壤水分流失和对抗干旱的超强锁水剂，获得了谷歌科学挑战赛奖。法国的 Glowee 公司是一家利用水母、枪乌贼、浮游生物等微生物发光点亮橱窗灯具和市政设施的创业公司。Qarnot 公司开发出一种智能暖气机，内置于专门用于"挖矿"②的电脑，通过

---

① 2019 年 11 月 4 日，美国政府向联合国通报要求正式退出《巴黎协定》。——编者注
② 挖矿，指用有专业芯片的计算机通过运算获得比特币的过程。——编者注

把电脑服务器散发的热能变成可再次利用的能量，可为当地部分地区提供整体供暖。

由于使用了大量的化肥和杀虫剂，耕地变得越来越贫瘠，即使是最保守的农民也越来越注重土地的可持续发展。世界各地正在发展一种更加理性的农业模式，但化肥和杀虫剂在某些地区仍被使用。世界上有2%的耕地如今已依据可持续发展的原则耕种，[31] 其中美国的耕地占了1/3。法国、巴西、印度和加纳的农业也正在转型。

人类更加意识到世界的统一性

在这个地球上，人类的活动和思想交流越发频繁。人们相互接触、相互交融，为彼此提供支持，各国人民相互依赖的程度不断加深，同时也意识到了自己的独特性。据世界旅游协会数据，2015年，全世界共有近12亿国际游客。而1995年，国际游客数量仅为5.41亿人。

世界各国的移民也越来越多。据世界银行统计，"2015年，有2.5亿人生活在非出生国，此外还有至少2 000万的难民。2013年，南南移民数量超过了南北移民：超过38%的国际移民从一个发展中国家移民到另一个发展中国家，34% 的国际移民从发展中国家移民到发达国家。2015 年，这些国际移民给仍生活在出生国的家人汇款的数额达近 6 000 亿美元"。

宗教也是一个团结的因素，它让世界各地的人聚集在一起。全球约有 23 亿基督徒，其中有 5.85 亿是福音派信徒，福音派是基督教最活跃的一个教派。全球有近 15 亿穆斯林。

国际法不断完善

现实情况表明，随着人们逐渐意识到世界的统一性，国际公法也在不断完善。

《国际人道法》是 1949 年日内瓦四公约及其附加议定书的内容之一。《国际人道法》自 1949 年来有多次补充与发展，现在已被所有国家认可，主要适用于在战争时期对各国行为加以规范，具有一定的约束力。《联合国宪章》禁止国家间非法使用武力（合法防御或维护公共安全除外）。2016 年，联合国维和部队参与维和行动的人数是 1999 年的 8 倍多。

伴随一些专业国际组织的发展，与国际经济和贸易相关的法律体系变得更加完善。2016 年，WTO 已经有 164 个成员，而在 1995 年 1 月成立之初，仅有 104 个国家和地区加入该组织。越来越多的贸易摩擦被提送到 WTO 的争端解决机构处理，这是一个真正意义上的超国家组织，其裁决意见也是国际法的来源之一。

经济合作与发展组织在提高各国财政透明度和减少避税港方面扮演着越来越重要的角色：被经济合作与发展组织鉴定为避税港的 40 个国家和地区中，有 34 个国家和地区已经签订了提高税收透明度的协议和对外交换税务数据的协议。[32] 为了确保全球采用统一标准，这些国家和地区先后签署了 90 份交换税务信息协议，认证了 60 份国际税收协议。

在制定全球银行监管条例方面，巴塞尔银行监管委员会起到了非常重要的作用。

对那些试图逃脱国家控制的企业，处罚力度越来越大。例如，与牵涉次贷危机或受国际制裁的国家进行贸易活动的银行被处以巨额罚款。此前，欧盟要求苹果公司补缴 130 亿欧元的巨额税款，并对违反环境保护法的企业处以罚款。

此外，全球建立了各类国际法庭。1899 年和 1907 年在荷兰海牙先后召开了两次国际和平会议，有 121 个国家（包括 20 国集团除印度尼西亚外的全体成员）至少参加过其中一次和平会议。联合国国际审判法院（简称国际法院）是主权国家政府间的民事司法裁判机构，《国际法院规约》的缔

未来十五年

约国几乎包括全球所有国家,约有300项双边或多边公约规定联合国国际审判法院具有管辖权。[33] 自1946年成立以来,联合国国际审判法院已经处理了164宗案件,涉及金融资产查封、领土争议、跨境用水等多个领域的争端。此外,其他国际法院,如国际海洋法法庭以及裁决反人道主义和反人类罪行的国际刑事法院也相继成立。

许多国际性规范都是由一些专门的国际机构制定的。例如,在制定全球技术标准规范方面有三个具有决定权的组织(总部均设在日内瓦,在各成员国协商一致的基础上做决策)。第一个是国际标准化组织(ISO)。自1947年以来,该组织在诸多领域(如语言、能源效率、货币代码等)颁布了超过2.1万项国际标准。第二个是国际电工委员会(IEC),创立于1906年,在电力、电子、微电子等领域制定了许多国际标准,应用于173个国家,覆盖了全球超过97%的人口。第三个是国际电信联盟(ITU)。该组织自1865年成立后,在通信技术领域制定了4 000多项标准。

此外,目前世界上只有不到1/3的国家仍保留有死刑。2010—2016年,有8个国家废除死刑。2007年以来,美国有5个州废除死刑,被判处死刑的人数减少了一半。

今天,已有127个国家立法保护妇女免受暴力侵害,而在 1990 年，几乎没有国家有相关法律。2013—2015 年，65 个国家开展了 94 项改革倡导男女平权，其中以发展中国家占多数；在此期间，26 个国家允许女性进入劳动力市场；23 个国家立法保护女性免遭一切形式的暴力；18 个国家承认女性受教育的权利；9 个国家准许女性获得信贷；7 个国家承认女性的法律权利和工作自由；4 个国家承认女性可以拥有财产。在性别平等的改革方面，撒哈拉沙漠以南的非洲地区凭借 2013—2015 年推行的 18 项措施成为改革最积极的地区。[34]

尽管有不少非洲国家仍然在迫害同性恋者，但整体趋势是不再认为同性恋是犯罪行为（曾有许多非洲国家认为同性恋是犯罪行为）。1960 年，全世界只有 25 个国家禁止将同性恋列入犯罪行为的范畴，到 2015 年，已经有 110 个国家这样做。

暴力事件在减少

为了减少全球的暴力行为，人类做了许多准备，至少在理论层面已经有充分准备。数据显示，与我们的感受恰恰相反，如果不以受害者数量作为衡量标准，而以受害者占世界人口的比例作为标准的话，在过去50年中，全世界的暴力事件比过去少了许多。[35]

基于以哈佛大学史蒂芬·平克教授与"人类安全报告"项目研究员安德鲁·麦克为代表的学者的研究，5 000年前，全球每10万人中有500人死于各种暴力冲突；中世纪，全球每10万人中有50人死于暴力冲突；而现在，全世界每10万人中只有6.9人死于暴力冲突，在欧洲，这个数字不足十万分之一。[36]

更详细地说，自1945年以来，每年各国间新发动的战争不超过三起；[37] 1989年后，全世界只有小部分地区发生过战争。2016年11月，哥伦比亚政府与反政府武装组织"哥伦比亚革命武装力量"签署和平协议，结束了美洲大陆的最后一场武装政治冲突。自1945年以来，欧洲发生的武装冲突只有南斯拉夫战争和乌克兰与俄罗斯之间的冲突。今天，几乎所有的武装冲突均发生在从马里到巴基斯坦的沿线地区，而这一地区的人口占世界人口的比例不到1/6。

二战期间，每10万士兵中有300人死于军事冲突，朝鲜战争期间这个数据为22人，越南战争为9人，两伊战争为5人。2001年，死于军事冲突的士兵人数比例下降到小于百万分之五，2011年之后降至少于百万分之三。[38]

第 1 章 今日世界的狂潮

同样，二战期间每 10 万平民中有将近 350 人死于军事冲突（比士兵死亡人数还要多），这一数据也下降得非常快。1989 年，平民在军事冲突中的死亡率为百万分之三；1994 年，在卢旺达大屠杀中，这一数据为十万分之一百四十五；2008 年（可追溯到相关数据的最后一年）这一数据为百万分之一。[39]

与我们预想的不同，全世界凶杀案的发生率也在大幅下降。以英国牛津为例，在 14 世纪时，每 10 万人中有 110 人死于他杀，而现在每 10 万人中只有 1 人死于他杀。意大利、德国、瑞士、法国、荷兰和斯堪的纳维亚地区也出现了类似的趋势。美国是一个暴力事件频发的国家，1991 年，每 10 万人中有 10 人死于他杀；2000 年，每 10 万人中只有 5.5 人死于他杀；到 2014 年，这一数据下降到每 10 万人中只有不到 4 人死于他杀。据联合国统计，全世界凶杀案发生的概率从 2003 年的十万分之七下降到 2012 年的十万分之六。[40] 1970—2000 年，性暴力和家庭暴力发生的概率也大幅降低，2000 年后这一数据逐渐趋于稳定。

不过，在美洲的部分地区，相关情况不但没有好转，甚至还恶化了，这给未来埋下了隐患。

未来十五年

正在恶化的全球性问题

前文提到了许多人类社会的发展成果,但事实上,世界的发展是不稳定的,未来未必会延续这种发展趋势。当今世界有许多方面让人十分担忧,这些隐患可能会毁掉前文提到的发展成果。

世界人口老龄化

由于生育率的下降和寿命的延长,自 21 世纪初以来,世界人口老龄化问题越来越严重。

近 50 年来,世界老年(65 岁及以上)人口数量不断增长,从 1950 年占全球人口总数的 8% 增长至 2000 年的 10%。自 1998 年起,发达国家的老年人口数量已经超过了 15 岁以下青少年人口的数量,这是人类历史上前所未有的现象。据统计,到 2050 年,全球人口结构将继续呈现老龄化趋势。现在低收入国家和中等收入国家的老龄化速度甚至比发达国家更快:大概需要一个世纪,法国的老年人口才数量才会翻番(从占总人口数量的 7% 增至 14%),但像中国和巴西这样的发展中国家仅需要 25 年。人口老龄化不是一个好消息,从长远来看,它将阻碍经济增长,使融资变得更加困难。

此外,许多国家的人均预期寿命不断上升,如比利时、爱尔兰、菲律宾和美国。据美国疾病预防控制中心的报告,近年来,美国的人均预期寿命一直没有增长。2015年诺贝尔经济学奖得主安格斯·迪顿的研究表明,自1990年起,在毒品、镇痛剂、酒精,以及自杀倾向增加的影响下,美国中年白人的人均预期寿命不断缩短。根据法国国家统计及经济研究所的研究,自1969年以来,法国的人均预期寿命在2015年第一次出现了下降的情况,男性的人均预期寿命从79.2岁降至78.9岁,女性则从85.4岁降至85岁。婴儿潮一代步入老年会大大提高人口死亡率,同时降低新生儿的预期寿命(根据婴儿出生时的人口死亡率,计算新生儿理论上可达到的寿命)。

落后地区人口的爆炸式增长

在不到30年的时间内,世界上最不发达国家的人口增长了一倍,2015年这些国家的人口总数达9.54亿。伴随着

未来十五年

婴儿死亡率的下降，萨赫勒地区①目前是世界上唯一一个每个女性仍生育6~7个小孩的地区。⁴¹现在这个法治薄弱的地区的人口总数已经达到了6 700万。

特别是马里，每年的人口年增长率为3%。每24年，马里的人口总数就会翻一番。自1960年以来，科特迪瓦的人口数量已经增长了6.5倍，外国人口占其总人口的1/4。如果这种情况发生在法国，今天法国的人口总数会比美国还要多，法国的外来人口会比现在的法国人还要多。

移民的悲惨境遇

移民是世界统一性的一种体现，但移民的境遇通常较为悲惨，在国际移民中，有很大一部分可被称作难民。世界上大约有86%的难民是由发展中国家接收的，如土耳其、巴基斯坦、黎巴嫩、伊朗、埃塞俄比亚、约旦、肯尼亚、乍得、乌干达，这些都是主要的难民接收国家。发达国家接收的难民数量在2015年才增至160万人。利比亚被迫成为

---

① 萨赫勒地区，阿拉伯语意为沙漠的边缘，即非洲北部的撒哈拉沙漠和中部的苏丹草原之间的一片跨度超过3 800千米的地区，包括马里、尼日尔、乍得、中非共和国和布基纳法索等国。——编者注

一个难民过渡区，滞留了近40万准备前往地中海沿岸欧洲国家的难民。[42]据联合国难民事务高级专员公署统计，2016年年初，有近20.4万幸存的难民通过海上路线偷渡到欧洲。据统计，2000—2013年，超过2.3万难民在偷渡到欧洲的过程中死亡或失踪。据国际移民组织统计，2016年的前5个月，尽管有数千名非政府组织的志愿者和意大利、希腊的海军协助救援，还是有将近2 500人在前往地中海沿岸欧洲国家的途中丧生。

2015年年末，由于暴力冲突，全世界有近5 000万儿童被迫移民，有3 100万儿童被迫生活在他们出生国以外的地方，有1 100万儿童是难民和庇护申请人，有1 700多万儿童为逃避暴力和武装冲突只能在自己的国家内不停地迁移。[43]在非洲，每3个移民中就有一个这样的儿童，这个比例是世界其他地区儿童移民的两倍。这些被遗弃的儿童饱受暴力与剥削，同时还是非法买卖的受害者。

环境状况恶化

目前，全世界超过80%的城市人口被迫生活在大气被污染的环境中。在低收入水平国家和中等收入水平国家，

未来十五年

98%拥有百万人口的大城市的空气质量未到达世界卫生组织的标准。

联合国的一份报告指出，受水土流失、盐碱化、酸化、土壤板结以及化学污染的影响，世界上33%的土地将部分退化甚至是严重退化。[44]受到高强度农业生产和化学腐蚀的影响，欧洲25%的土地资源正在退化。农业活动使用了大量肥料，其成分中的硝酸盐使欧洲40%的河流和25%的地下水受到严重污染。[45]工业污染影响了20%~25%的河流和沿海水域。发展中国家超过80%的污水未经处理就被直接排入了河流、湖泊和沿海水域。[46]

世界上有3.1%的人的死亡与水质不佳、污水排放、污水处理技术低下和卫生环境落后相关。全世界每年有1 500万名不足5岁的儿童由于饮用了被污染的水而死亡。80%的水体污染是由将污染物直接倒入水源或埋入地下导致的。

在孟加拉国，85%的地下水都已被污染，部分水体的砷含量超标，这是一种剧毒的化学成分。在美国，有40%的河流和46%的湖泊受到严重污染，美国政府不得不禁止民众在这些地方游泳和捕鱼。

今天，全球超过20亿人未能回收利用他们制造的垃圾。每年，全球产生的食品垃圾达13亿吨，其产生的温室气体占可引起温室效应的气体排放总量的9%,这些食品垃圾的数量是消除世界饥荒所需食物总量的两倍。

全球气候变暖

1880—2012年,全球平均气温已经升高了0.85摄氏度;1976年后,全球平均气温升高的速度不断加快,达到了平均每10年升高0.19摄氏度的速度。1983—2012年,是1 400年来地球气温最高的时期,在此期间,气温最高的15个年份中有14个在21世纪。在2015年和2016年,全球平均气温升高的速度并未减缓。

自1971年以来,海水温度每10年升高0.11摄氏度,海洋变暖会导致两极冰盖加速融化。格陵兰冰盖与南极洲冰盖是世界两大冰盖,格陵兰冰盖在1992—2001年平均每年融化的冰有340亿吨,在2002—2011年平均每年融化的冰有2 150亿吨。冰盖融化的速度仍在不断加快。

这也加快了海平面上升的速度,1993—2010年,海平面平均每年上升3.2毫米,若将时间范围扩大到1901—2010年,海平面平均每年上升1.7毫米。这一变化也影响了人类的居住环境。自2008年以来,全球有2 640万人因自然灾害被迫迁移，其中有86%的人口迁移是水文灾害导致的。总体来说，2008—2014年，与气候变化直接相关的灾害导致超过1.5亿人搬离了原来的住所。⁴⁷

2013—2014年，联合国政府间气候变化专门委员会发布的关于气候变化及其未来发展的《第五次评估报告》证实，自1950年以来，人类活动和气候变暖存在极大联系。并且大气中二氧化碳的浓度仍在增加：2014年达到400ppm①，而在1958年第一次测量时，大气中二氧化碳浓度仅为315ppm。

全球农业的脆弱性

自1960年以来，气候变化导致全球食物产量减少。在温带地区，每10年减产量达1%左右；在世界范围内，水稻、玉米和小麦的产量每10年分别减少0.1%、1.2%和2%。⁴⁸非洲国家的粮食产量一直很低，发展中国家平均每公顷产量为3吨，而非洲国家平均每公顷产量为1.2吨。

在一些地区，由于人口密度不断增大，农业和畜牧业都

---

① ppm浓度，即百万分比浓度，是用溶质质量占全部溶液质量的百分比来表示的浓度。——编者注

变得很脆弱。当每平方千米的人口密度大于40人时,传统的农业结构将破坏土地的生产力。萨赫勒地区部分区域的人口密度已经超过每平方千米150人。

此外,在2014年肉类价格打破历史最高纪录,2012年蔬菜价格打破历史最高纪录后,2015年,主要农产品的价格均有所下降。[49] 2016年,全球谷物产量下降了0.2%,约25亿吨。

再者,农业活动产生的污染,如各类农药,以及包含硝酸盐、磷、铅等成分的化学物质造成了水污染,经济合作与发展组织的许多成员国有40%的小港湾或沿海水域都遭到了氮污染。[50] 氮污染是水体富营养化(导致藻类过度繁殖,造成水体环境的破坏)的主要原因。经济合作与发展组织的调查发现,其成员国的水资源,无论是地表水还是地下水,有60%都已经被化肥、农药污染了。2010年的调查显示,在美国,有60%的河流污染、30%的湖泊污染及沿海水域污染是由农业生产造成的。[51]

有越来越多科学研究证明,化学产品对人类身体有副作用。草甘膦,商品名称为年年春、农达、好过春等,是一种广效型的有机磷除草剂,它的成分会扰乱哺乳动物的内分泌和激素系统,还可能导致先天畸形和肿瘤等疾病。2011年,

未来十五年

加拿大的一个研究团队证实,食用了转基因食品后,在胎儿和女性(无论怀孕与否)的血液中都发现了孟山都公司生产的苏云金芽孢杆菌杀虫剂的毒素。研究人员强调,应该进行其他实验来进一步分析这些农药成分在母体内对胎儿发育的影响,考虑到这些杀虫剂的毒性,这些实验的结果十分让人担忧。[52]一家技术研究机构(IRT)近来的一项报告指出,食用转基因食品与患有麸质不耐受(医学名称为乳糜泻,是一种过敏性疾病)存在联系。[53]

为了防止农民长期保存种子或将自己的种子与他人进行交换,有些大型农业企业开始申请生物专利,将种子的所有权占为己有。这种现象在美国已经存在很久了,在欧洲也开始出现,这是导致农作物多样性减少的一个重要原因。全球50%的种子市场被孟山都、拜耳、杜邦和先正达等公司垄断。这些跨国公司因此可以随意给种子定价,甚至不惜牺牲农民的利益,当然,最终牺牲的还包括消费者的利益。不仅如此,市场上的新种子品种也因此减少。这些跨国公司不断申请种子的专利,营造出一种它们使用了新技术的假象,这些转基因产品甚至可能涉及生物技术剽窃,因为这些种子均来自国际基因库,原本是用来保护生物多样性的。然而,这些企业也证实,用传统方法种植的谷物要比用转基因技术种植的谷物品质更优良，对人体也更有益。[54]

全球经济增长速度趋缓

尽管各国十分重视发展技术，但奇怪的是，各国生产力的发展速度却减慢了。在美国，20世纪50年代生产力的平均增长率为2%，但目前生产力的增长率仅为0.6%。同样，欧洲生产力的增长率也低于1%。

尽管人口不断增长、技术不断进步，全球经济的增长却放缓了脚步，年均增长率从1960—1974年的5.2%下降到2002—2015年的2.8%。[55]

一些国家甚至出现了人民生活水平倒退的情况：西班牙在2017年才恢复到2007年时的生活水平，葡萄牙恢复民众的生活水平要等到2020年，意大利是2024年，希腊则要等到2029年。在一些国家，人民的生活水平还在下降，如中非共和国、阿富汗、伊拉克、叙利亚和布基纳法索等。

财富的集中化

根据瑞士信贷银行《2015年全球财富报告》，占全球人口 10% 的最富有的人拥有世界上 87.7% 的财富。将范围缩小到一个国家，情况也是相同的：在美国，一个企业的董事长的工资是员工平均工资的 276 倍，而在 1965 年，这一工资水平的差距只有 20 倍。自 1985 年以来，占美国人口 1‰ 的最富有的美国人拥有的财富占整个国家财富的比例从 7% 增至 22%，而占人口比例 90% 的较不富裕的美国人拥有的财富比例从 37% 减至 22.8%。在这 1‰ 的富人中，有 10% 的人掌握了整个国家 11% 的财富，自 20 世纪 70 年代末开始，这一比例增长了 8.8%。[56] 在新兴国家中，经济增长的成果往往也被少数人纳入囊中。

这些不平等的现象也发生在其他领域：2015 年，一个出生在日本的女孩的预期寿命为 86.8 岁，而一个出生在非洲塞拉利昂的孩子的预期寿命只有 50.8 岁。这样的不平等也发生在教育及其他非物质领域。

总体来说，财富集中在那些掌握具有广泛应用性的新技术的人手里。技术的进步不断拉大了工人工作付出和所得报酬之间的差距。今天，在 19 个最发达的工业国家里，这种不平等的程度比 20 年前还要严重。[57]

另外，在许多国家，向最贫困国家进行跨国转账通常都会很慢，效率也越来越低。世界银行称，转移到新兴国家的资金在增多，但这些资金经常都因腐败而被挥霍和浪费了。

发达国家中产阶级的减少

2005年以来，发达国家中产阶级的个人税前收入和转移性收入的增长普遍停滞，甚至出现下降：[58]2005—2014年，在全球最发达的25个经济体中，65%的家庭（5.4亿~5.5亿人）收入都没有增加，有的甚至还减少了，而在1993—2005年，这一比例仅为2%（即不到1 000万人）。2008年以来，美国家庭的收入中位数连续数年下降，而美国家庭平均债务从1980年的9 300美元增至2015年的6.52万美元，家庭储蓄率则从1971年的13.3%下降为现在的5.1%。美国劳动人口中中产阶级的数量从1971年占总人口数量的61%减少至现在只占总人口的50%。[59]

这些发达国家政府通过实行"居民转移性收入"（即国家、单位、社会团体对居民家庭的各种转移支付和居民家庭间的收入转移，包括政府对个人收入转移的退休金、失业救济金、赔偿，单位对个人收入转移的辞退金、保险索赔、住房公积金，家庭间的赠送和赡养等）和降低税收，可以在一定程度上缓解贫困,但不能一劳永逸地解决问题。如果经济合作与发展组织成员国65%的民众的收入不再增加甚至开始减少,那么全球10%的人口将面临可支配收入减少的问题。因此,美国推行了新的税收制度和转移支付制度,逆转了81%家庭收入水平降低的状况,使几乎所有家庭(近98%)的可支配收入实现增长。相较之下,97%的意大利人的人均收入和人均可支配收均有所降低。但在瑞典,仅有20%的家庭收入不再增长或减少,98%的瑞典人的可支配收入都增加了。在法国,转移支付使法国人的可支配收入增加了3%,超过收入中位数。

在发展中国家,中产阶级人数的增长也出现了减缓现象。在2015年,这对全球15亿人造成了影响,占世界就业人数的50%。

这种趋势蕴含了极高的风险性。如历史上的情况一样,当中产阶级被无产阶级化,当他们看着那些富得流油的大亨炫耀着不被中产阶级认同的奢靡生活时,他们就会反抗,发动起义甚至推翻现有制度。经济狂潮在中产阶级的推动下变得越发波涛汹涌。

极端贫困仍然存在

虽然亚洲和南美洲的极端贫困人口比例大幅降低,但在撒哈拉沙漠以南的非洲地区,贫困人口数量从1990年的2.84亿增至2015年的3.47亿。

在发展中国家,每天摄入的食物热量低于2 200卡路里(一个成年人每天平均消耗2 000卡路里热量)的人口比例大幅降低,但仍有7.76亿人营养不良,有7.5亿人无法获得安全的饮用水。在非洲,有36%的人极度缺水,全球有10亿人缺少基础卫生设施,有25亿人没有干净的厕所可用。在尼日尔,只有0.2%的农村人能用上电。

全球教育体系的失败

在全球范围内,教育失败的例子比比皆是,许多教师的权威受到挑战,许多学生在毕业时仍未获得必要的能力来应对现代社会的挑战。在美国,甚至有80%的学生称学校没有改善他们的学习习惯,60%的学生认为学习并不足以成为他们待在学校的理由。[60] 近10年来,瑞典学生在国际学生评估项目(PISA,以笔试的形式评估学生的阅读理解能力、数学能力和科学能力）中的表现越来越差。在法国，每年约有15万学生在还没有学会如何正确读写的情况下便离开了学校。

在发展中国家，约有5 700万儿童无法获得教育机会。其中有一半以上都生活在撒哈拉沙漠以南的非洲地区，即便他们能够有幸接受教育，时间也极为短暂。根据联合国开发计划署的报告，尼日利亚儿童平均接受教育的时间只有5.4年，马里儿童为7年。2015年，只有67%的非洲儿童完成小学教育，在受调查的44个非洲国家里，只有24个国家的儿童完成小学教育的比例超过了70%。2000—2012年，除非洲国家以外的发展中国家的教育支出占GDP的比例从4.7%减少为4.6%。[61]

巴西的教育支出仅够为4 000万巴西儿童提供低质量的教育。印度的教育支出占GDP的比例不到4%，2015年，仅有不到一半的印度人可以接受体面的教育。印度的教育体系较为落后，公立学校的老师对自己学校的教育水平缺乏信心，很多老师都将自己的孩子送到私立学校上学。在许多国家，宗教对学校课程的影响不断加大，削弱了科学和理性的地位。

第 1 章 今日世界的狂潮

全球医疗体系的失败

由于全球医疗体系很难获得资助,给贫困人口提供的救助也越来越少。此外,各类传染病并不能被有效控制:2010 年,仍有部分地区暴发了艾滋病;2016 年,全世界共有 3 700 万人感染艾滋病,其中 70% 的感染者生活在撒哈拉沙漠以南的非洲地区;2010—2015 年,全球每年新增约 190 万艾滋病患者,其中有 57% 的患者生活在东欧和中亚地区,有 9% 的患者生活在加勒比地区,有 4% 的患者生活在北非和中东地区,有 2% 的患者生活在拉丁美洲,只有非洲东部和南部以及亚太地区在同一时期的感染人数分别减少了 4% 和 3%。

新的健康危机不断出现:在美国,有 200 多万人被对抗生素产生耐药性的细菌感染,这使美国需额外支付 200 亿美元的医疗开销。[62] 据统计,全球每年约有 70 万人因治疗艾滋病、结核病、疟疾等疾病产生的耐药性致死,其中每年有近 20 万人由于患有结核病并产生耐药性而死亡。在印度,每年有 6 万新生儿因对抗生素产生耐药性而感染致死。因患有这些疾病而死亡的人数仍在持续增长。

未来十五年

脆弱的全球金融体系

由于银行业的监管变得更加严格,并且利率不断降低,全球银行业因收益降低变得越发脆弱,银行在整个经济体系中的地位也越来越低。普通银行逐渐被影子银行代替,后者出现在20世纪80年代,集合了除商业银行外的几乎所有金融机构的功能,包括投资银行、对冲基金、货币基金、证券化基金、养老基金、私募股权公司和资产管理公司等。影子银行不受国家和中央银行的监管,但其资产占世界金融总资产的25%,相当于全球一年的GDP。影子银行对世界经济构成了巨大威胁,因为它们可以为一些不可靠的企业提供巨额的风险贷款。

近几年又出现了互联网金融产业,这些未受到严格监管的项目发展迅速。在中国,大型金融科技公司(如支付宝、财付通等)的客户数量在未来可以媲美甚至超过大型银行的客户数量。[63]

全球公共债务持续增长

很多金融机构,尽管没有任何盈利,但为了拖延债务结算，四处融资借贷。自2008年以来，全球债务（包括公共债务和私人债务）已经增长了57亿美元，是2014年全球GDP的300%。1999—2015年，私营企业的债务从占全球GDP的130%增至150%。2001—2013年，发达国家的公共债务从占全球GDP的71%增长至100%；1990—2016年，日本公共债务从约占日本GDP的59%增至230%。一个国家的公共债务有部分由该国中央银行持有，其中美国中央银行持有的比例为16%，英国为24%，日本为22%。

近几年，这样的债务状况已经导致多个国家出现经济衰退，1998年8月，俄罗斯政府由于到期无法偿还债务（债务利息是预期收入的140%），被迫决定延期偿还国内外的债务。2013年，塞浦路斯的主要银行亏损严重，塞浦路斯政府由于负债过度已经无力承担救助款，为获得欧元集团的救助款，塞浦路斯银行减记部分账户存款的47.5%（这些账户的存款超过10万欧元）。近年来，希腊国家银行也因同样原因有破产的危险。委内瑞拉还在继续偿还债务（到2016年已偿还超过100亿美元），而且这个国家还需要用外汇购买生活必需品，并进行配额分配。

2016年，还有不少欧洲及其他地区的国家面临同样的问题，但仍有部分国家想用银行的低利率来掩盖负债的真实情况。意大利、葡萄牙、法国,都已处于"触礁"边缘。

为减轻债务的绝望之举:负利率

为了推动银行放贷并降低融资成本,发达国家的中央银行采取了负利率放贷的形式,也就是对那些将钱攥在自己手里的银行施加处罚,对那些将资金放贷给国家和企业的银行进行补贴。当前,有 19 万亿美元的债务可以以负利率偿还,这将推动银行和金融机构继续资助那些不盈利的项目,将企业的市场价格抬到最高并且无须承担放贷的成本。然而,此举会伤害那些依靠投资获利的银行和保险机构,它们将无法兑现许诺给客户的收益。因此,我们可以预见,银行的客户将会转向其他类型的投资,甚至人寿保险的基本收益都将因此动摇。[64] 此外,一些欧洲国家明确要求执行规定的偿还能力计算方式,保险公司曾在很长时间内可以依靠债券的高收益率(在德国,债券年收益率曾达到 4.2%)获得利益。然而在今天,这个收益率是不可能达到的(德国 30 年期债券的年收益率是 0.4%)。众多保险公司都受到了金融危机的冲击。目前的解决办法都有局限性。

对知识产权的侵害

目前,对知识产权的保护缺乏统一标准,全球假冒伪劣商品产生的市场价值约占世界进口总额的 2.5%。这不仅损害了那些拥有专利的公司的利益,也造成了许多危害,尤其是在公共健康方面,药品、食品(特别是婴儿食品)及假冒伪劣的汽车配件等,酿成了诸多重大事故。[65] 与此同时,买卖假冒伪劣商品也助长了犯罪行为和恐怖主义网络。据联合国统计,假冒伪劣商品贸易是世界第二大收入来源。此外,据经济发展与合作组织统计,造假产业对正品原产国的就业造成了巨大冲击。以法国为例,造假产业使其损失了约 4 万个就业机会。

新闻自由的破坏

近 10 年来,美国纸媒的数量减少,从 2004 年的 2 372 家降至 2014 年的 2 254 家。[66] 2011 年,90% 的美国媒体由 6 家公司掌控,而 1983 年这样的公司有 50 家。[67] 根据"记者无国界"组织的报告,2016 年美国的新闻自由度在全世界仅排名第 41 位。媒体集中化的趋势在许多西方国家都有体现：英国（70%的全国性日报由三家企业控制）[68]、澳大利亚（两个集团垄断了全国日报发行量的90%）[69]、法国（几乎所有的大众媒体都是十几个集团的产业）。虽然出现了诸多新的信息网站（这些网站提供的信息并未被监管），但并不足以扭转新闻自由度下降的趋势。在许多门户网站和社交媒体（如脸书和推特）上，大量用户都可以阅读和推送内容[70]，这使媒体的界限变得越发模糊。

民主在部分地区的退化

目前我们正面临着民主发展的中断期，在部分地区，民主甚至退化到流于形式的地步。市场逐渐成为全球真正的霸主，奴役着那些被当作消费者的选民，而那些政治精英则只是市场的员工。市场也改变了时间的概念，尽管人类的平均寿命越来越长，但对每个人来说，时间变得越来越短暂，政治上的民意调查和市场经济都推崇短期效益，后代的利益越来越少被纳入考虑范围。

10年来，一直在发展的民主在部分地区出现了倒退现象，民主制度不再是主流。事实上，目前全球仅有40%的人生活在民主国家。言论自由和法制的退化程度令人震惊。[71]

据某个非政府组织称，2016年是民主持续倒退的第10年。[72]在这10年中，有105个国家的民主权利和公民自由明显退步，仅有61个国家在言论自由和完善法律制度方面有明显改善。在西方国家，我们见证了民族主义运动导致大量民众的自我认同被扭曲的现象，各党派在选举中竞争只是为了实施近乎独裁的统治，继而全面操控司法、行政、公共秩序和媒体等领域。[73]

现在，我们用"民主式独裁"来称呼那些虚假的民主——假借民主之名，实际上却施行独裁统治。部分新兴国家同样呈现出这种趋势，由于世界市场上大宗商品价格的下跌，它们的独裁模式变得更加扭曲。

各国正在被商业淹没

许多国家逐渐对民主失去兴趣，因为政府对市场的控制能力越来越弱，企业也不再忠于公司最初创立时所在的国家。据经济合作与发展组织统计，企业的各种避税手段使各国每年的税收收入减少了1 000亿~2 400亿美元，占全世界企业所纳税款的4%~10%。[74]

美国国会的研究表明，2004—2014年，共有47家美国公司为了减少纳税将总部搬到其他国家。共有 2.1 万亿美元资金被这些美国公司转移到美国境外。[75] 苹果公司在美国境外有超过 2 000 亿美元的存款，它宁愿在美国借款纳税，也不愿将资金转入美国境内支付税款。[76]

与此同时，企业与国家在安全问题上的冲突也日益尖锐。苹果公司与美国联邦调查局相互对立，美国联邦调查局曾要求苹果公司破译一个恐怖分子的手机数据，但苹果公司以保护客户数据安全为由拒绝合作。

此外，一个企业的股东不再来自同一个国家，这也使得企业对国家的忠诚度降低：在英国，非本国投资人持有英国排名前 100 的上市公司超过 50% 的股份；[77] 法国排名前 40 的上市公司（CAC40）有 45% 的股份也由外国投资人持有；[78] 德国 DAX 指数涵盖了 30 家主要的德国企业，外国投资人持有这些德国公司股份的比例超过 50%；[79] 日本东京交易所的数据显示，32% 的日本公司股份由外国投资人持有。[80] 即使拥有着广阔前景和最强流动性的金融市场，美国排名前 500 的上市公司超过 16% 的股票也由外国人持有。

这些大型企业对民主决策的影响力越来越大：2015 年，美国有 20 家企业或行业协会在干预政府决策方面花费了 4.2 亿美元。[81] 在布鲁塞尔，有超过 3 万名政治说客四处演说，对欧盟 75% 的法案造成影响。[82]

保护主义四处扎根

各国政府在面对这种无力扭转的局面时，都试图设置各种各样的壁垒，国际贸易的发展速度也因此放缓，世界范围内贸易保护主义抬头：2011 年以来，虽然全球 GDP 增长了 20%，但是国际贸易的发展却出现了停滞。此外，仅 2015 年，各国的贸易干预和贸易限制措施就增加了 40%。2015 年 10 月中旬至 2016 年 5 月中旬，二十国集团（G20）成员国实施了 145 项贸易限制措施，同时仅推行了 100 项贸易促进措施。欧洲和美国的贸易保护措施主要针对中国出口的钢铁和化工产品，如橡胶和塑料。每个国家对给予外国企业优惠政策的处罚力度越来越大，也引起了一些报复行为。在世界各地，尤其是欧洲，对人口自由流动的限制也越来越多。

根据哥伦比亚广播公司和《纽约时报》的调查报告，有 57% 的美国人认为，美国与其他国家的贸易往来导致美国本土的工作机会大量流失（1996 年，仅有 40% 的美国人持此态度）。[83]

普遍来说，在发达国家，收入没有增长的群体对边境开放和移民问题更容易形成负面观点，并更倾向于支持民族主义党派：超过 50% 的美国民众认为，外国商品和服务的涌入导致国内工作机会减少，收入增长的美国人（仅占总人口的 29%）则不赞同该说法。[84]

我们大致可以通过欧洲各地及拉丁美洲选民的投票情况观察到这一现象。贸易保护主义的粉墨登场可能是大灾难降临的前奏。

美国超级大国地位不稳

尽管美国经济回暖，但社会根基越来越脆弱。自经济危机爆发以来，美国家庭收入的中位数降低，从 2007 年的每户 5.7 万美元降至 2014 年的每户 5.3 万美元。今天，有 4 780 万美国人生活在贫困中，也就是说每 7 个美国人中就有 1 个人处于贫困状态。尽管 2009—2016 年，美国的失业率降低了一半，但自 1997 年以来，美国的就业率从未如此低。2013—2014 年，美国白人的人均预期寿命从 78.9 岁降至 78.8 岁。自奥巴马上台以后，美国政府债务增至 19 万亿美元，几乎翻了一番。

如果在此基础上再算上养老金，美国财政发生危机的在2030年，全球人口数量将达到83亿左右，包括16亿非洲人（比今天要多3亿人左右）。人口增长在非洲最为显著，尤其是在尼日利亚。到2030年，印度的人口总数很有可能会超过中国。另外，除非有大规模的移民涌入，否则欧洲诸国（法国和爱尔兰除外）以及韩国、日本的人口数量都将减少。到2030年，全球预计有25亿基督徒（占全球人口总数的30.2%），21.8亿穆斯林（占全球人口总数的26.4%），12亿印度教徒（占全球人口总数的14.9%），4.9亿佛教徒（全球人口总数的6.15%）。[106]

2015年，全球人均预期寿命为71.4岁，[107] 2030—2035年，全球人均预期寿命将达到74.5岁，[108] 人类的预期寿命将不断延长。

到2030年，全球将有2/3的人口生活在城市，在世界范围内，居民数量超过1 000万的特大城市将达到41个。东京将成为全球人口最多的城市（东京将有超过3 700万居民）。城市化既是农业生产率提高的原因，也是其结果，城市化将促进社会的发展。

到2030年，全球将有35亿劳动人口，比2016年的全球劳动人口数量多9亿（其中有3亿人生活在撒哈拉沙漠以南的非洲地区，有2.3亿人生活在亚洲）。届时，女性就业人口数量将比现在多 10 多亿。

欧洲的情况将截然相反。到 2030 年,欧洲的劳动人口数量将比现在少;欧洲、日本、美国的专业人员需求缺口将达数百万。

由于人口、气候和政治等多方面的原因,人口的大规模迁移必然会发生。移民将对社会发展产生积极影响:到 2025 年,发展中国家 3% 的劳动人口将移民到发达国家,这将给这些接受移民的国家带来不菲的经济收益,收益额约占全球 GDP 的 0.6%。[109]

中产阶级的壮大

全球中产阶级人口数量将大幅增加。2016 年,全球中产阶级人口数量超过 10 亿,2030 年,中产阶级人口数量将增至 49 亿。亚洲的中产阶级人口数量将占全球中产阶级人口总数的 66%。[110] 到 2030 年,作为全球最大的消费市场,印度中产阶级的规模也会迅速扩大。非洲的中产阶级人口数量将从 2016 年的 3.75 亿增至 2030 年的 5 亿。[111] 在地缘政治的影响下,中产阶级规模的扩大将增强民众对法律规范及保护私有财产等方面的诉求,包括对人权、工作权利和民主权利的诉求。

一波巨大的创新潮流将发挥积极作用

人类将经历一场由创新带来的史无前例的变革。2030年左右，人类将有许多重大的科技创新，这些创新足以颠覆我们现在的生活方式、工作方式、学习方式、医疗体系、思维方式和信仰。

首先，一些新技术将被应用到日常生活中，在人们的工作和生活中发挥巨大作用。不仅如此，这些新技术也会影响人类的社会文化、道德观、意识形态和政治生活。

随着计算机运算能力的提升，大数据研究取得了巨大的进步（虽然在2016年，摩尔定律似乎已经失效，但英特尔公司在2016年3月23日宣布：未来计算机的处理速度将不会像摩尔预测的那样每18个月翻一番，而是每30个月翻一番）。[112] 到2025年，电脑可以实现每秒计算 2.88×10^{17} 次，而人脑的数据处理速度是每秒计算 10×10^{17} 次，仅为计算机处理速度的3.5倍。机器学习和深度学习的进一步发展会使计算机的预测模型更加有效和准确，促进知识经济和健康经济的自动化，使人机对话更加便捷。

未来十五年

到 2030 年,将会有 1 500 亿物品通过网络相互连接起来,并与数十亿人建立联系。得益于大数据、识别系统(如射频识别、表面声波识别、指纹识别等)以及微电子传感器等新型技术的发展,到 2025 年,物联网的市场价值将达到 4 万亿~11 万亿美元,约占全球 GDP 的 7.5%~21%。[113]

3D 打印技术将会更加普及。2013 年,3D 打印技术的全球市场交易额已经达到 30 亿美元,预计到 2025 年将升至 152 亿美元。[114] 在工业领域,3D 打印技术的应用将促使一些发达国家重新定位自己的产品。在个人消费领域,企业可以利用 3D 打印技术为每个人量身定制产品,制作高级定制服装、餐具、家具、乐器、手工艺品和各种类型的医用假肢。欧洲航天局甚至希望在 2030 年,通过 3D 打印技术用月尘(月球表面覆盖的尘土)建造一个月球基地。

增强现实(AR)和虚拟现实(VR)技术的出现使人们未来能够在全息智能手机上看到 3D 效果的影像。眼动追踪技术和脸部追踪技术将会使真实世界和虚拟世界的互动更加便利。AR 技术可以实现无屏幕投射全部数据信息,我们甚至可以在虚拟的田野上散步或者在虚拟的战场上感受炮火连天。真实与虚拟将在人的大脑和实际活动中完美地融合在一起。

区块链这种革命性的创新技术可以使每个人无须借助平台就实现安全交易,它的出现将使优步、爱彼迎等网络平台的地位受到冲击。[115] 比如,以太坊(区块链平台)可以跳过中间商,直接在平台上以安全的方式进行交易;泛微是一个面向全球的协同管理平台,该平台可以根据成员对岗位的贡献自动发放奖金;巴比特(一款提供区块链信息的应用软件)主张采用"群体智慧"策略来有效预测市场走势。该领域最值得一提的是比特币,未来会有很大的影响力。

到 2030 年,人工智能将被全面应用到独立的信息处理系统中,为企业提供服务;或应用到为私人服务的机器人中,实现学习、交谈、观察、播放音乐和调动情感等功能。[116] 届时,人类和人工智能间的差别将越来越小,最大的区别只在于人类生命的有限性。

到 2030 年,语义网将实现用人类的自然语言与搜索引擎对话。语义网将被应用到各种咨询领域(如医疗、教育、法律等)。集合了人工智能和语义网功能的自动翻译器可以让人类跨越国界,不受语言约束,与来自全球各地、各个领域的专家进行自由对话。

到 2030 年,微电子技术、人工智能、能量储存技术等其他领域的发展也会推动机器人技术的发展。声音识别和声音合成技术也将进一步发展。机器的灵敏度将达到人类手动驱动的灵敏度。最重要的是，这些技术的应用能够延长人类的寿命，甚至使人类实现不朽。

到 2030 年，微电子技术将促进新型纳米材料的研发；现有的各种材料都能够添加碳纳米管，变得更加轻巧耐用，甚至具有全新的属性（如抗菌衣服，自我修复纤维和除污系统等）。碳纤维将使工地上的那些防护设备坚不可摧。

到 2030 年，基因技术将进一步发展。[117]与基因疗法和生物技术相关的产业产值将占全球 GDP 的 2.7%。[118]细胞疗法可以使人体组织和器官利用干细胞实现再生；克隆技术将被普遍应用，成千上万的克隆动物将会诞生，像猛犸象和袋狼一样已经灭绝的动物也有可能通过克隆技术复活。[119]克隆技术进一步发展后还有可能帮助人类追求永生。人类可以利用生物技术创造出各种新能源、新材料，以及新的垃圾处理方式，还能利用 3D 打印技术制造活体微型组织。

神经科学领域也将取得突破性发展，尤其是在学习、记忆、注意力和冥想机制的研究方面，这些都是人体生理机能的重要部分。人们将加深对人类认知、意识和情感的神经机制的了解。科学家将区分出不同类型的脑细胞，分析不同类型的脑细胞在老年痴呆症、精神分裂症等疾病中扮演的角色。神经科学家将能够绘制详尽的神经网络图。科学家们将研发新技术并应用到评估和观察人类的神经活动中，他们也会将人类的神经活动与人类的行为、情感、思维和自我意识建立起联系，提高对人类自我意识的认知水平，并研究将这种自我意识移植到克隆体的可能性。这将决定人类是否可以实现生命的不朽。

未来的巨大变革

医疗关乎人类的健康，所以医疗领域将首先发生变革。死亡仍然是现代人最担忧的问题之一，人类要想实现自由首先要解决死亡问题。只要有一定的经济基础，人类对健康的需求将越来越个性化，甚至可以不受限制地追求健康。远程问诊和远程治疗技术也将进一步发展，这个系统可以提醒病人按时服药，一旦病人没有按规定服药，系统会自动向主治医生和保险公司发出预警。微电子技术的应用将有助于更有效地检测分子的变异，在癌症早期阶段，高度敏感的传感器可以及时发现病症，并实现及时问诊和治疗。核磁共振和脑电图技术的发展将使我们能更好地了解人类的情感活动，甚至可以通过人工智能技术复制人类情感。外科手术机器人将

未来十五年

可替代外科医生,提供更快速、精准、无感染的外科手术。药物基因组学可以把药物治疗与每个病人的基因特性有效地联系起来。对老年痴呆症的治疗也充满了希望。

教育领域也会发生变革。到 2030 年,学生通过佩戴 VR 眼镜可以更好地利用虚拟现实进行学习,这有利于培养他们的好奇心和批判精神。教育学家和来自世界各地的学生可以突破空间的阻隔进行深度交流。[120] 届时,游戏会变成教育的工具,孩子们可以在游戏中进行高效学习。未来我们将会对人类大脑的机能有更深入的了解,从而找到一些临床方法来提升或修复人类的注意力、记忆力、思考能力、合作能力和创新能力等。

在日常工作方面,机器人对自然语言的识别能力的提高无疑会推动办公自动化,人类的工作强度将会大幅降低。未来会有机器人代替监控员来管控石油化工企业的集装箱,代替消防员冲进灾区灭火。机械外骨骼的出现将会降低士兵牺牲的概率,外骨骼机械手还能够辅助有需要的特殊人群。相应地,大量新职业也将随之产生,主要集中在服务业和网络管理领域。未来社会需要大量的程序员、数据科学家、数据工程师、生物科技研究者、微电子科技工程师等人才。企业的性质和结构都将发生革命性的变化,变得更加灵活,向多个方向发展，形成一种授权委任制的小团队协作模式。

未来的住房也将发生变革，整个住宅的建设都可通过3D打印技术实现。微电子技术可以使住宅外部墙体具有储存和转换太阳能的功能，相当于太阳能板。运用微电子技术，我们可以建造一系列的智能建筑群，这样的建筑在能源方面完全可以自给自足，并且还会有剩余。[121]用新型水泥材料建成的楼房的使用年限将是现在楼房使用年限的10倍。未来的房地产销售链也会彻底改变。

供水系统也将有很大的变革。参照以色列的供水模式，海水淡化工厂将会颠覆以往的供水系统。55%的国家的居民用水将来自淡化的海水，86%的生活废水将得到循环利用，比如用来灌溉庄稼。2016年，海水淡化的成本是1990年的1/3，到2030年，淡化海水成本会再降低2/3。海水淡化技术的革新对中东地区和撒哈拉沙漠以南的非洲地区将有重大影响。

在农业方面，通过大面积使用传感器可以有效监控农作物的生长，帮助农民观察农作物对水分、光线和热量的需求。基因学的研究有助于改良动植物的品种；农业和畜牧业的发展将最大限度地提高生产率，还有助于选种，挑出最适合种植的谷物种类。另外，随着农业技术的发展，未来

未来十五年

人类可以种出未受污染的纯绿色农产品，带动绿色农业改革——虽然目前只有1%的耕地使用了绿色农业的种植技术，但若这一技术能得到普及，绿色农业的产量足以养活整个地球的人口，农民也会获得不错的收益，最重要的是工人和农民的健康都能得到保障。[122]

未来主要的能源都将由物联网和智能电表来协调和分配，太阳能、风能和其他可再生能源的利用率都将进一步提高。不过，人们仍然会继续使用煤炭、汽油、天然气等传统能源。随着生产力的提高和太阳能板、电池板的制造成本的大幅降低，能源的分散生产将会更加普及，这将帮助电力匮乏的农村地区改变现状。到2030年，预计会有1万亿美元资金被投入到40个国家的核能开发领域。

在交通方面，到2030年，电池的成本有望降到每千瓦时150美元，轻型混合动力发动机将更加普及。预计在2025年会研发出一种锂空气电池，其能量密度是锂电池的10倍。锂空气电池的使用将使电动汽车的续航里程堪比内燃机汽车（电动汽车充一次电将能行驶超过600千米）。使用转基因病毒可以制造性能更好的电池负极，使电池的续航能力更强。电动汽车的废旧电池可以回收利用，为数据中心和住宅供电。未来我们可以在家附近的汽车修理场通过3D

打印技术制造符合需求的汽车零件。2030年，自动驾驶汽车将成为汽车市场的主体，未来的汽车还将融合光电传感器技术、人工智能技术和物联网技术。未来，按需求用车、拼车和租车都将成为常态，汽车数量将减少，但是汽车的使用率会提高。

在航空领域，未来的飞机也将使用油电混合发动机。诺思罗普·格鲁曼公司设计的双机身飞机可以增加飞机的载客数。空中客车公司有望研发出一款拥有100个座位的混合动力大型客机，并用3D打印技术制造备用零部件。[123] 航空领域也逐渐将重心转向无人机的研发，人们在地面就可以实现远程操控。科技的进步将推动飞机材料、机身结构和航空操控等方面的技术革新，将来甚至有可能把驱动系统完全融入机身内，为飞机结构的设计创造新可能。

在娱乐领域，VR技术颠覆了以往的娱乐方式。未来的观众可以按照自己的意愿随意切换视角，聚焦、变焦或者填充画外空间，甚至改变电影的出场顺序，控制电影的剧情发展。竞技类游戏将更加流行。人类的娱乐方式也将越来越具有个性和创造性。运动领域也将经历类似的变革，VR技术将广为应用。

在艺术领域，科技的发展将为艺术家带来无尽的灵感。

未来十五年

VR 技术和 3D 打印技术自然也会成为创新工具。在一部作品中，观众将既是创作者也是演绎者。我们不会再将芭蕾舞、歌剧和音乐会分开。到 2030 年，观众将可以与艺术作品进行更加直接的对话。[124] Leap 公司发明的体感控制器可以将每个手势、动作和对应的声音联系起来，使用这种技术，每个人都可以成为一名音乐家或是编舞者。[125] Thêta Fantomes① 可以在表演者的脑电波活动和对应的声音与视觉效果间建立互动。达利博物馆利用 VR 技术使参观者沉浸在达利创造的超现实主义的想象空间里。吉奥亚工作室将全力研发以乔治·德·契里柯作品为主要内容的全息影像技术。一些街头艺术家利用 AR 技术发展了起来，其中有代表性的如班克斯、Neck Face 和 Invader 等。在泰特美术馆里，艺术家使用人工智能技术在艺术品中再现了现实视角。[126] 艺术创新自然也离不开机器人技术，我们可以欣赏到塞尔维亚艺术家德拉甘·伊利克利用巨大的机械臂变身人形画笔，在画布上泼墨创作。

共享经济的 5 个重要领域（金融、线上招聘、住宿、拼车、音乐和流媒体视频）的营业额从 2016 年到 2030 年预计

---

① Thêta Fantomes 是一种多媒体装置，可以在视频、游戏、艺术作品和脑电波间建立联系。——编者注

会增长 30 倍。[127] 根据普华永道公司的数据，金融和线上招聘将是共享经济最有活力的两个产业，未来的年度增长率将分别达到 63% 和 37%。共享经济和利他主义将变成未来市场的主流。

资源回收系统也将迎来革新。到 2030 年，回收系统将采用新的分子材料分离技术，甚至可以分离原子材料，这种技术可以保持材料的纯度和原始特性。[128] 奥尔良大学有一个团队专门研究超临界水，当水处于 500 摄氏度高温和 250 巴① 高压的环境下，极端环境将改变水的特性，使其极具氧化性和腐蚀性，与超临界水接触，任何有机物都会被毁坏并转化成气体。使用这种方法可以使回收稀有金属更加便利。[129] 通过有效回收，废物的回收利用率将大大提升，生产过程需要的新材料的数量将会越来越少。利他主义不仅有利于我们的后代，对现在市场经济的发展也有利。

未来发展如何形成良性循环

总体来看，科技的创新，就业人口和中产阶级人数的

---

① 巴（bar）是压强的单位，1 巴（bar）=100 000 帕（Pa）。——编者注

增长似乎足以促进人类社会的发展形成良性循环,也足以激起人们对民主和利他主义的追求,减少暴力的发生,我们在 2030 年似乎会迎来一个资源丰富、自由民主、充满包容与善意的新时代。在全球化的大背景下,我们似乎无须建立一个全球统一的法律体系,也无须构建一种新的意识形态,我们每个人只需要追求属于自己的自由。真的是这样吗?

首先,科技进步无疑会推动经济发展,通过网络处理技术来改善市场运行机制、减少交易成本(比如在企业和潜在的职员间建立联系的网上平台,如领英和 Monster 公司),必然会带动经济增长。2025 年,科技进步将使全球 GDP 增长 2%。[130] 科技创新也会提高生产效率,从而创造更多的财富。

其次,科技进步将有助于减少暴力。例如通过网络监控,我们可以预知一些异常情况及潜在的危险,达到自我监控的效果。药物基因学和神经科学研究取得的新成果甚至可以降低人类的攻击性,增强人类的同情心。

科技进步也可以缓解气候变暖,未来我们可能不再需要使用煤炭作为能源,人类对能源的需求将大幅减少,这可以使全世界从无节制使用能源的时代过渡到有节制使用能源的信息时代。

科技进步同样可以解决人类对水资源的需求,甚至那些极度缺水地区的供水问题也将得到彻底解决(这需要资本主义和市场经济的帮助)。共享经济的发展可以保证全球能共同享有各种资源和服务。[131] 科技的发展甚至可以帮助人类延长生命。

在新兴国家中产阶级的购买力和购买需求不断增长的背景下,全世界将出现更多具备偿还能力的消费者,到2030年,新兴国家中产阶级的购买力将比美国消费者的购买力还高。2030年,全世界新兴国家将有2亿家庭的年收入超过3.5万美元。今天亚洲的消费额占全球消费总额的10%,到2030年,这一比例将升高到59%。到那时,年收入达到1万~3万美元的中国家庭将超过2.2亿个。[132]

这将引起世界范围内城建、医疗、电信、房地产、教育、娱乐、旅游、奢侈品等领域的巨大变革。人们对和平、秩序、自由、民主、人权的诉求也有助于推动改革和创新。

最后,全球资本的自由流通和金融领域的科技发展都将促使资本流向回报率最高的地方,这里主要指的是新兴国家,投资将促进这些国家的经济迅速发展,反过来也会带动这些国家的国内需求。

总之，以上这些因素可能会有助于促进人类社会的发展实现良性循环，规避重大的经济危机和全球性冲突。

如果我们相信这一点，那么我们只需安静地等待未来成为现实。我们不需要做任何事，只要让中央银行继续推行宽松的货币政策，政府也可以继续增加负债，因为未来的经济增长自然会减轻现在的债务负担，缓解经济压力。

从长期来看，科技进步甚至可以推动货币政策改革，维持世界经济的平衡增长，未来普通银行将不具有发行货币的职能，这一职能将只限于中央银行，由区块链统一调配发行新的数字货币。

自然界的秩序和生命的延续是人类不变的两大追求，这两大追求将支撑着人类，让人类能够暂时忍受世界的无序和资源的稀缺，让他们相信混乱的世界终究会变成一个和谐的世界。

然而，这种信念是无源之水，无本之木。目前科技发展取得的所有的成就都不足以弥补一个利己主义社会的弊端，也不足以应对因缺少统一的法律体系而造成的负面影响。人类对生命的向往最后只能是自欺欺人，目前的无序最终也会走向一片混乱。

第 3 章　愤怒的爆发

人类的成就不足以构建和谐世界

人类或许没有想到,现在这些成就可能会招来致命的威胁,使这个世界的情况越来越糟糕。

若世界经济仍然被一个无序的市场把持,前述所有的所谓积极因素都会被强权控制并发生逆转,最终只会无可避免地加重目前的失衡状态。

首先,不论现在的科技进步多么引人瞩目,都会对就业造成灾难性的影响——科技进步会进一步拉大贫富差距。其次,中产阶级的财产权得不到尊重,面对非法行为和犯罪活动日益猖獗,他们的无力感和挫败感越来越强烈;中产阶级将因此担心他们的后代会过得比他们更糟糕,他们与真正的民主会渐行渐远。所谓延长生命的希望也将离中产阶级越来越远,这个特权最终将只属于部分人。

在这样的一个世界里,投资者、创业者会压制普通劳动者和选民,这将导致工资水平下降,消费能力下降,就业机会减少,全球通货紧缩。社会将变得更加不稳定,非法交易将泛滥成灾。在政府债务不断增加的同时,银行毫无限制地给国家和民众贷款,但这不足以刺激国内消费增长,因为民众对未来充满了担忧,比起把积蓄全部花光,人们更倾向于将现在的收入积攒下来。尤其是随着未来人类寿命的延长，一些养老体系将逐渐私有化，人们已经无法对这些制度抱有希望。

另外，从前一章的论述中不难发现，目前缺少一个全球性的法律体系遏制利己主义的发展，这实质上破坏了人类对自由的追求。利他主义的兴起并不足以平衡当今世界那些导致混乱的力量。恐怖主义的肆虐也给解决各国、各大集团之间的利益冲突问题造成了障碍。

总之，尽管存在积极的一面，按照目前的趋势，到2030年，人类的境况将让更多人难以忍受。到那时，人们可能会穷尽各种方法来谋求个人发展，但在任何微小的危机面前（无论这个危机来自经济领域、意识形态领域、政治领域或军事领域），人类都会变得不堪一击。到那时，全世界许多地区可能都会发生暴乱，使人们对生活失去信心，人类的生活将充斥着各种暴力事件。上面的分析让我们意识到，未来世界存在的种种不利因素似乎真的会演变成全球性的经济危机或军事危机，在全球化时代，国家之间的联系是非常紧密的，任何危机对这个世界来说都极具破坏力。

无论是定性分析还是定量分析，都可以证实这一结论：如果我们一直处在这样一个无法进行有效管控且奉行金钱至上和利己主义的世界里,如果我们不立即行动去改变人们的价值观,改变历史的进程,重塑利他主义在世界范围内的地位,我们将永远无法构建一个和谐的世界,人类未来将只能生活在一个危机四伏的世界里。在这样的世界里,经济矛盾、社会矛盾、意识形态冲突、政治冲突和军事冲突等诸多领域的矛盾将混成一个死结,最终只能以暴力的方式一刀切断。

这才是真实的未来世界。

人口危机

到 2030 年,世界人口老龄化的趋势将更加严重:全世界人口的平均年龄将从 29 岁上升到 32 岁;老年人占总人口的比例将从 12% 上升到 18%。尼日利亚一半的人口都小于 15 岁,而日本却有一半的人口都超过了 52 岁。由于老龄化程度不断加重,全球居民的储蓄率也将随之降低,从现在起到 2030 年,发达国家居民的储蓄率将降低 17.5%,发展中国家居民的储蓄率将降低 31.5%。[133] 因此,政府对养老金的投入也将越来越少。

据人口学家推测,伴随着老龄化,其他方面的问题也会

未来十五年

接踵而至，例如，在今天亚洲的东部和南部地区，男性和女性人口的比例极不平衡，女性比男性少1.6亿人，[134] 到2030年，这一差距将扩大为2.34亿人。男女比例失衡的情况在中国、印度、巴基斯坦和孟加拉国尤为严重，[135] 这将影响社会的稳定。相反，大部分发达国家的女性人口数量将超过男性（因为女性的平均寿命比男性长）；同样，在一些移民国家，女性人数也会比男性多（如墨西哥和萨赫勒地区的国家）。未来全世界将会有超过10亿人（包括20%的城市人口）虽然拿着中产阶级的收入，但生活却非常贫困，人们将极其悲观并感到失望。

在那些落后的国家，与人口相关的问题将更加严峻。人们首先想到的可能是萨赫勒地区。尼日尔、马里、布基纳法索、乍得等国现在的人口总共约有6 700万左右，到2035年将增长到1.2亿~1.32亿。在今天的尼日尔，有24万年轻人需要就业，未来这个数字将会增加到57.6万。这一地区的农业如果不进行大规模改革，面对人口的剧增，农业产出将无法满足人口增长的需要。在尼日尔，只有12%的土地适合种植农作物；[136] 这个国家在1960年独立时只有300万人口，2016年的人口数量是2 000万，2030年将增至3 500万。这些问题将导致萨赫勒地区的人均GDP下降，导致这些国家的年轻人离开这个地区，大规模地向外移民。

这样的人口数据似乎预示了一个灰暗的未来，这样的未来将把人类压得透不过气。

环境污染问题持续恶化

根据联合国环境规划署的统计，到 2030 年，非洲和亚洲的低收入国家的城市垃圾数量将成倍增加。这些垃圾主要是生活废弃物，将对空气、水源和土地都造成污染。今天，海洋里的垃圾和鱼的数量比例是 1∶5，到 2025 年，这个比例将变成 1∶3。全球每年为处理海洋垃圾而花费的资金高达 400 亿美元。

如果所有国家都不采取任何有效的环保措施，到 2030 年，温室气体的排放量将增加 37%。到那时，因对流层臭氧含量增加导致过早死亡的人数将是 2000 年的 4 倍（即到 2030 年，在全球范围内，每 100 万城市居民中就会有 30 人因此提前死亡，在亚洲，每 100 万城市居民中则会有 88 人提前死亡）；与此同时，由于空气中小分子颗粒过多导致过早死亡的人数也会翻番[137]（即在 2030 年全球会有 360 万人因此提前死亡）。[138]

如果每个人、每个地区、每个国家都不采取行动，从现在起到 2030 年，全球二氧化碳的排放量将会增加 25%，其中排放量最大的地区是亚洲。即使在 2016 年各国签署了气候变化协定（《巴黎协定》）也不足以阻止这一趋势。

气候问题持续恶化

未来，全球气候变暖将加剧。预计到 2035 年，全球平均气温将上升 0.5 摄氏度，同时一些干旱地区的降雨量将减少，高温天气将频频袭来，而高纬度地区的降雨量会增多。[139] 根据世界银行的有关数据，若各国政府面对气候变暖问题不积极采取行动，到 2035 年，全球平均气温甚至有可能上升 2 摄氏度。[140]

在撒哈拉沙漠以南的非洲地区，2030 年的平均气温可能会升高 1.5 摄氏度。气温上升会导致永久冻土层融化，由于永久冻土层中封存了大量的甲烷，一旦冻土融化，所有甲烷都将被释放出来，而甲烷造成的温室效应是二氧化碳的 25 倍。到 2050 年，预计永久冻土层中 20%~30% 的甲烷将会被释放到俄罗斯上空，这将导致全球平均气温继续升高。

因此，到 2030 年，全球海平面的平均高度与现在相比将至少升高 15 厘米，地中海的海平面甚至将升高 20~50 厘米。届时，将有 180 万的摩洛哥居民受到洪水的侵害，更糟糕的是，一旦亚历山大港的大坝决堤，将导致 500 亿美元的损失。在东南亚地区，到 2030 年，海平面较现在甚至可能会上升 75 厘米，到 2080 年将是 110 厘米，到 2100 年，2/3 的曼谷都会被海水淹没。

海水温度上升还会导致珊瑚白化，甚至导致珊瑚礁完全消失，根据 2016 年的相关数据，现存的珊瑚礁庇护了 30% 人类熟知的海洋生物，全球有近 5 亿人依靠这些海洋生物为生。若环境恶化，人类连生存都受到了威胁，还谈什么不朽呢？

气候和环境问题的持续恶化会对世界经济和政治造成极恶劣的影响。如果不及时推动全球法制改革以保护环境，全球气温的继续升高和环境的继续恶化都将无法避免。

极度稀缺的水资源

在人口迅速增长，城市化程度越来越高，全球农业负荷不断加重的情况下，除非各国共同协商采取紧急措施，否则人类将会陷入水资源极度短缺的困境。地下水是全球半数人口的饮用水源，现在也被开采过度。到2030年，人们对水资源的需求量会上升35%，但到那时全球每年人均可用的水资源估计将不超过5 100立方米，是1950年的1/3，2016年的1/2。

总之，到2030年，全世界2/3的人将面临水资源短缺的困境，[141]其中一部分原因是受到污染的水无法再被使用。[142]今天面临缺水问题的人有10亿，到2030年，全球将有30亿人没有足够的生活用水，有18亿人将生活在水资源极度匮乏的地区，包括巴基斯坦、南非、印度等。[143]到那时，水会比石油更珍贵，价值远超任何其他原材料。

如果各国不尽快采取行动，人类将不可避免地需要面对上述情况，这将导致全球性危机，破坏生态平衡，最终威胁到人类的生存。人类终将自食恶果。

农业生产面临的困境

尽管俄罗斯、加拿大和乌克兰将受益于目前的气候变化（因为气温升高，它们的农业产量会增加），但是，在世界范围内，根据联合国政府间气候变化专门委员会的统计，在21世纪，气候变暖将导致全球农业产量每10年降低约2%。

在部分国家，气候变化和水资源枯竭可能会导致雨养作物的收成降低 50% 左右。非洲的情况也不容乐观，非洲在 1850 年时就已开始种植的作物如玉米、小麦和高粱，未来的种植面积可能会减少一半。在拉丁美洲的安第斯山脉一带，每年春天冰川融水的水量都在降低，这会使 5 000 万农民受到影响，农作物产量将逐渐减少。将来，牛奶对穷人来说将是无力消费的商品，鱼类也会变成穷人餐桌上的奢侈品，到 2030 年，菲律宾群岛以南海域的捕鱼量将减少 30%。

此外，受污染的土地面积持续增加，不管土地面积大小，未来农产品的质量都会大幅降低。

总之，全世界的食物供给量在 2040 年将达到顶峰，然后很快便会大大减少，随之而来的就是物价高涨。巴基斯坦和尼泊尔的农业生产力将无法保证本国粮食的自给自足。一旦粮食供应短缺，饥荒将再次成为人类要面对的窘境。

移民速度加快

考虑到未来的气候变化，出行方式的多样化以及不同地区生活水平的差异等因素，未来人类会越来越居无定所。2015 年，全球有 2.44 亿人选择移居海外，2030 年，会有 3

亿人移民到异国他乡。[144] 孟加拉国是最容易受气候变化影响的国家之一，未来孟加拉国可能会减少5 000万~6 000万居民；未来菲律宾和阿富汗可能会有10%的人因为自然灾害不得已选择移民；在印度和中国，未来将有700万~2 200万人移民到国外。[145] 而在萨赫勒地区，预计将有30%的人出于各种原因而选择移民。

南南移民的模式将迅速发展：未来亚洲将成为接纳来自非洲撒哈拉沙漠以南地区和好望角地区移民最多的大洲。根据联合国的数据，北美洲将会接收1 800万移民，欧洲将接收1 300万移民。移民包括合法移民和非法移民。

如果这一切都没有相关法规进行管控，如果接收移民的国家未能及时建立相关的移民接纳和融入机制，如果接收移民的社会没有利他主义精神，那么数量庞大的移民将成为社会混乱和各种暴力事件的诱因，引起人们对社会的愤怒和不满。接下来我们会详细谈论这些问题。

就业市场的变革将带来不稳定因素

若没有全球性的法制改革，人类将无法赋予生活和工作新的意义，到2030年，科技的进步将使现有的行业种类减少一半；首先是对职业资质要求不高的行业，这些行业一旦消失，相关就业者将难以找到其他工作。[146]

据统计，美国目前有47%的职业被认为是"高风险"的职业（即可以实现全自动化的职业）。[147]未来受影响最大的行业将是餐饮业、物流业、金融业和保险业。在欧洲，受波及的行业也是一样的。在印度、孟加拉国、尼泊尔和埃塞俄比亚等国，除了农业外，将有70%的工作岗位会因科技进步受到冲击。

无法自动化的职业往往是手工操作性较强，或者对创新能力、现实观察力（这里指的是社会智力与情感智力）、准确度和灵活度都有较高要求的岗位，主要集中在医疗和教育领域。[148]

目前，虽然在新兴科技、心理咨询、教育、医疗以及自动化领域新增了许多岗位，但这些新增岗位不足以弥补岗位缺口。另外，市场并不能及时将学生和劳动者的注意力引向新兴职业。在法制不健全的情况下，人们无法解决教育学生和培训企业员工的问题，无法重新规划和调整就业市场的结构，也无法降低工作时长和工作强度，在这种情况下，很容易出现全球范围内大规模失业的现象。对以上种种问题，各个政治派别纷纷将问题的根源归咎于贸易保护主义、民粹主义、环保主义，无论是在宗教世界还是世俗世界，人类都要找一个替罪羊。

财富的集中化

在人类没有实施深度的法制改革且尚未形成健康成熟的价值观的情况下，追求更多的财富仍然是人们最高的行事准则。当今世界，没有任何人或者规则能够阻止巨额财富持续汇聚在部分富人手里，这些财富将以一种更卑鄙的方式继续累积。同时，当下没有任何途径可以在全球范围内实现财富共享。科技进步的最终结果不过是财富继续集中在那些创新者手里。劳动者间的竞争使工资水平下降，同时也削弱了工会与股东进行博弈的能力。另外，在未来15年内，世界人口的城市化比例将由现在的50%上升到66%，这将使社会结构变得更加脆弱，拉大不同阶级之间的贫富差距。

然而，悲剧不会就此结束。在2030年，40%的非洲人每天的收入仍不到1.25欧元。[149]而站在金字塔顶端的全球1%最富有的人却拥有全球54%的财富。这个情况在北美洲更加严重，今天，那里的富人拥有全球63%的财富，这个比例在2030年将上升到69%。[150]就连发达国家的中产阶级也不再对增加收入抱有希望,未来甚至将有一部分中产阶级会沦落到无产阶级的队伍中。尽管这些国家的发展模式可以使经济增长,但令人难以置信的是这些国家中有高达30%~40%的劳动者的收入都不会有任何增长。如果经济增长缓慢,从现在起到2030年,西方国家70%~80%居民的收入都将停止增长甚至会低于原来的收入水平。[151]

如果不发生一场全球性的大迁移,社会上的不公平现象就绝无可能消失,小规模的移民只会使更多的中产阶级变成贫困人口。

"愤怒"型经济

金融危机的影响波及全球,整个世界处在风雨飘摇中并逐渐形成了一种"愤怒"型经济。近年来暴力事件持续爆发并在世界各地逐渐蔓延,殃及全球。

这一后果主要是由我们这个时代的两大因素造成的:

一方面,人人追求的个体自由实际上也意味着自私、不忠和只注重眼前利益,所谓的自由不过是欲望膨胀和不满于现状的借口,这种对自由的追求使民主沦为了人们实现自己欲望的工具。

另一方面，在经济全球化的同时，与之相应的法律体系却并未全球化，这必将加剧社会的不平衡，导致个人暴力行为和社会暴力行为迅速增加，难以遏制。

失衡加剧

误入歧途的个体自由

过度追求个体自由将导致个人对幸福的追求被无限抬高，每个人都只在乎自己的快乐。

首先，几乎没有任何人会为了给后代留有自由的权利而牺牲自己的生命。每一个生命都会被颂扬，每次意外死亡，都被称为"国家的悲剧"。任何人的死亡都被视为重大损失。

在军队里，为了实现零死亡率，可能会使用无人驾驶装置；在执行远程控制任务时，士兵会被一些无人机或地面机器人取代。[152] 2030年，无人操控装置将能够完成观察、分析、制订方案的任务，并根据外界刺激做出反应，在没有人为介入的情况下独立做出军事决策；届时将会有成百上千的机器人协助士兵和警察执行安保任务；很快，每个警队都会配备机器人来协助监视、追踪和实施高危险的介入工作。在一些军事基地和高敏感区域（如核电站、水库和弹药库等），为了保证监控和安保工作的顺利进行，无人机也将被普及。无人机甚至可以在战区充当记者的角色。

其次，身体健康会变成每个人最重要的需求，人们甚至会为此不惜破坏自然环境。未来的健康保险将像所有物品一样可以为每个人量身定制。保险公司会对客户在营养、体育活动和维系家庭关系等方面需要的保险费用进行监控和实时计算。[153] 为了提供这种因人而异的服务，保险公司将会和医院以及一些新兴企业建立密切联系，通过住宅自动化管理技术、智能盒子、互联网医疗设备、智能城市传感器以及生活辅助机器人等新科技产品尽可能多地搜集相关数据。未来，对健康长寿的追求将成为富人们的执念。

最后，未来人类将极度重视生命价值，以至没有人愿意冒任何风险。尤其是在科研领域，即使是对后代毫无损害的研究，科研人员也会束手束脚。这将导致人类未来的科研和探险活动大幅减少，他们会认为这些活动只是无意义的冒险。

地缘政治秩序的紊乱

未来世界各国的发展水平将更加均衡，亚洲将成为全球发展速度最快的地区。不过在 2030 年，无论从政治、媒体、

未来十五年

文化或是价值观角度来看,美国将仍是世界第一强国,并凭借 24 万亿美元的 GDP 稳居世界第一大经济体的宝座。但美国 GDP 占全球 GDP 的比重将从 2015 年的 23% 降到 2030 年的 20%。[154] 而中国 GDP 和印度 GDP 所占的比重将上升,若以购买力平价计算,目前中国已经超过美国成为第一大经济体。到 2030 年,中国的 GDP 可能会达到 18.9 万亿美元,而印度的 GDP 可能会达到 7.3 万亿美元。[155] 日本和德国则被远远甩在了后面,日本的 GDP 预计为 6.5 万亿美元,德国 GDP 预计为 4.3 万亿美元。法国则落后得更多,法国 GDP 预计为 3.5 万亿美元。

目前没有任何国家能够取代美国。尽管欧盟各成员国之间一直维系良好的关系,而且有变得更加亲密的趋势,甚至欧盟的 GDP 也有望超过美国,但可惜的是,到 2030 年,欧盟很可能将无法维系成员国间密切的联盟关系。

未来,市场对人类的影响将比民主更大,企业将变得越来越强大,一些巨头公司的营业额甚至将超过一些国家的贸易总额。比如,2024 年,苹果公司的营业额(如果这个公司营业额的增长速度一直保持稳定)将达到 4.5 万亿美元,比 2015 年法国的 GDP 还高。到 2030 年,苹果公司的营业额将接近印度 GDP 的一半。2024 年,亚马逊公司的营业额

第 3 章 愤怒的爆发

将达到 1 万亿美元。[156] 2025 年，全球 500 强公司如苹果、脸书、亚马逊和谷歌等，它们的营业额预计都会超过 1 万亿美元。这些企业将逐渐摆脱国家的管控，甚至脱离它们原来所在的国家，它们还可以通过投资促使国家间彼此竞争，从而推行对它们有利的条约。未来能够限制企业扩张的规则将越来越少。由于没有足够的资金支持，未来各国的民主团体和国际组织将逐渐丧失权威性。

持续发放国债并减少财政支出

未来的民众将变得越来越自私，在这种情况下，政府已无法再向他们增收更多的税款，而民众既不希望减少公共设施的数量，又不愿意出资维修和保养这些公共设施。这最终将导致更大的亏损，这种亏损的严重程度将是史无前例的。如果这种亏损持续扩大，到 2035 年，世界各国发放国债的数额将相当于全球 GDP 的 98%。[157] 到 2030 年，美国国债占美国 GDP 的比例将达到 116%，日本的这一比例预计为 264%，而欧盟是 97%。这将使那些金融投资者积累大量财富，致使金融资产价格虚高，收益与预期不符。[158]

因此，政府将越来越难以激起民众投资公共设施的兴趣。

未来十五年

政府无力修缮公共设施

在这样一种人口膨胀和经济失衡的局势下,国家财政的投入将越来越难满足公共设施建设方面日益增长的需求。

首先,最难维护的是基础设施。就美国而言,根据美国土木工程协会的统计数据,2016—2025 年,美国在维护交通运输网络(包括公路、铁路)、水利工程、国家电网以及海港、河港和航空港基础设施等方面需要的投资约为 1.44 万亿美元。在未来的 25 年中,非洲在修建水净化系统及新农业灌溉系统等方面每年需要的投资数额将是目前的 3 倍,仅为了满足民众的用水需求就需投入 800 亿美元。到 2030 年,印度在完善城市网络方面需要的投资将达到 1.2 万亿美元。

医疗将是人们最乐于投资的领域,然而未来国家在为所有人服务的基础医疗设施方面投资是极其困难的。那些新的医疗技术和新的治疗方法只有富人才可以享有,未来将会产生双重医疗待遇的现象。未来部分人群的人均预期寿命甚至会缩短,在美国和法国,这种现象已经成为现实,在灾害频发,充斥着大量毒品和违禁药品的国家更是如此。在非洲,由于医疗领域缺少足够的资金投入,艾滋病患者的数量持续增加,每年有近 200 万非洲人感染艾滋病。在非洲南部,艾滋病感染的情况尤其严重，且多发于正值壮年的男性。另外，由于人口急剧增加，加上城市化、移民、环境恶化和货物运输等因素的影响，经水源传播的疾病（如疟疾），及经昆虫和一些冷血动物叮咬传播的疾病也将迅速增加。面对随时可能暴发的新型流感，人类绝无可能自觉地做好一切预防措施，新的感染源可能是某种已存在的病毒或是一种有耐药性的细菌，它们可以利用某些已知疾病为媒介，或由某些昆虫携带，继而导致大规模的流行病。这种新型流感的危害将不亚于西班牙流感，1918—1920年，西班牙流感导致全球近5%的人死亡。

最后，由于缺乏强有力的管理，基于目前有限的财政预算，许多国家在教育领域将遭遇前所未有的财政危机。在一些低收入国家，甚至都没有足够的资金用于维护基础教学设施，更别提建设完善的教育制度，或通过有效的管理来保证教学质量。学生很难遵守纪律，教师也很难做到真正称职。教育系统的崩塌将进一步加重失业现象，极端主义和宗教激进主义对全世界青年一代的影响也将加剧。

市场经济制度和民主制度受到质疑

民主制度将受到批评，继而被抛弃，因为它无力证明自己存在的意义，也无法制约市场力量。民主制度无法预测一些关键问题的长远走向，因而人们会做出一些不受支持的决定。它也无法促进科技的进步，无法影响气候变化，无力疏导移民，无从构建合理的社会联系，无法让每个人都有话语权，更别提能留给后代发声的权利。民主制度无法限制财富和权力的集中，无法平衡市场各个主体的力量，无法创造更多的工作机会，无力维持中产阶级现有的收入水平，无法促使政府重视民众的安全，无法让当权者看到民众愤怒的意义，也无法平息民众的怒火。

人们可能会将这些问题归因于精英数量的增多，这些所谓精英的一切行为都以自身的利益为出发点，他们散居在世界各地，没有乡愁情怀，也从不考虑国家的利益。可笑的是，中产阶级却总把这些精英和移民混为一谈，他们之间最大的不同在于，一个是富有的"流浪者"，另一个却是真正生活在苦难中的流浪者。

面对这些质疑和批评，市场是不可能完全不受影响的。许多人会批评说，工作和消费的自由只是一种幻想，只有富人能够享有各种特权，而普通人的财产权不再受到保护；经济的增长也不如预期，就业没有保障，数十亿人被生活的困窘折磨；环境被污染，人们的生活状况越来越糟糕。

第 3 章 愤怒的爆发

在这种情况下,人们依然倾向于即时享乐,不再愿意花心思研究如何保护后代的自由。人们的这种自我陶醉也将使他们沉醉在幻想中,不再愿意为了他人或是坚守某些价值观而奉献自己。那些有不同想法的人,尤其是来自其他地方的人经常被当成替罪羊,不断遭到驱赶和排斥。

人类欲望的无限释放正是市场和民主所乐见的,当人们无法满足自己在经济和名声方面的欲望时,经常会感受到巨大的挫败感。因此市场和民主逐渐呈现"流离化"的特征,而这种特征与那些希望保持常态化的人的利益有冲突。

事实上,自由也应被看作一种释放自我黑暗面的权利,它将越来越无法受到良心和自尊的控制,变得越来越妖魔化、宗派化,使人具有自杀倾向并扮演着施虐者的角色。这种自由的权利将使人们的一切不满和暴力行为合理化,这些暴力行为最终将会反过来伤害人类自己。

从极端的环境保护主义到宗教激进主义,暴力将再度出现。民主将被人们遗弃,极权主义将卷土重来。

出于自保,人们会宣称自己无宗教信仰或是宗教激进主义者,随时准备抛弃民主。在一个高度监控个人活动的社会里,寻求个人隐私的安全将拥有很大的市场。为了保证安全,人们甚至可以舍弃自由。民主社会将退化为专制社会,在这个过渡期，社会制度是披着民主外衣的独裁制。

暴力手段的多样化

面对这种混乱的局面，没有什么能阻止暴力行为的增加，尤其是那些看上去并未违法的暴力行为。当一个国家面临财政困难时，政府会减少对医疗和教育的投入，但不会裁减军费，因为它们还要与其他国家进行军事抗衡，而军备竞赛依靠的是军事装备（军民两用装备）的技术创新。

加快军事装备的革新速度

从现在起到 2030 年，空军力量对一个国家的存亡起着至关重要的作用。机载传感器的普及将使空军的操作系统彻底更新换代。因此，军队需要配备一些超高速武器，这些武器将无法被拦截，其速度几倍于声速，适用于军事演习、滑翔机和超音速巡航导弹。[159]

为了保护士兵的生命，降低死亡率，军队也将研发其他先进装备：如在外骨骼机械的基础上研发 VR 头盔，可以增强士兵的身体和心理机能。海军也将受益于这项新技术。网络战使战争与和平的界限越来越模糊。各国将采用更加便于拆卸和移动的实验室来研发新型化学武器。各种小型的化学反应堆也将使生产化学武器的过程变得更加灵活。尽管《禁止生物武器公约》早在 1975 年就已生效，但是各种关于转基因病原体的生化武器研究仍然在私下进行。化学和生物学的跨学科研究将使混合型武器的危险程度大大提高，这种新型武器将既具备生物武器的传播力，又具备化学武器的杀伤力。[160]

民间研发的所有先进武器既可以为国家服务，也有可能被恐怖组织利用。

世界各国的武装力量

虽然按照 1968 年由美国、苏联、法国、英国等 59 个国家签订的《不扩散核武器条约》，各国应该遏制核武器的生产，但在这样一个越来越失去平衡的世界，各国仍在私下里迅速扩大和巩固本国的军备库。

当我们统计 2030 年的军事武器数量时，我们不禁被那些闻所未闻的新型武器可能造成的全球死亡率震惊，但这一结局不正是这些国家现在的所作所为导致的吗？

未来十五年

美国未来的军费支出预计占 GDP 的 3.3%。2034 年,美国海军将配备 300 艘战舰,其中将有 3 艘是杰拉尔德·福特型的新型航母,可以搭载 F-35 战斗机。[161] 美国空军将配备 2 100 架战斗机。2028 年,美国陆军将配备装载有超音速导弹的无人机,新的洲际导弹将取代民兵 III 型洲际导弹。2030—2040 年,新型核轰炸机 B-21 将取代 B-52H 和 B-1B 轰炸机。2022 年,更精准、更强大的 B61-12 核导弹将加入美国的重型武器库。未来美国的大多数武器都将具备反导功能,[162] 大部分的步兵也将被机器人取代。[163]

俄罗斯也将加快军备研发的速度:到 2020 年,俄罗斯将拥有 400 多枚洲际巡航导弹,超过 100 颗军用卫星,450 架战斗机,56 个 S-400 防空系统,15 艘核潜艇,50 艘护卫舰,超过 2 300 辆坦克和 340 万民兵(包括预备役军人)。俄罗斯的国防预算将稳定在其 GDP 的 5% 左右。[164] 未来俄罗斯将拥有全世界第二个弹道导弹潜艇舰队(这个舰队将配有 8 艘"北风之神"核潜艇,每艘携带 20 枚布拉瓦洲际弹道导弹)。俄罗斯也将研发各种新型武器,包括为地面侦察提供火力支援和远程识别的装甲无人机。俄罗斯也将积极投入到网络战争中。

未来,法国仍将是世界军事强国之一,也是欧洲主要的军事力量。法国空军发展了幻影 2000D 战斗机的部分功能，作为阵风战斗机的补充，同时配备了 3 架新型的 MRTT 加油机及 50 多架军事运输机。[165] 法国陆军将配备更多用于攻击和运输的直升机，并发射第三个太空观测卫星。法国特种部队也将配备两架战术运输机。未来法国还将拥有新的中型护卫舰，可能还会有第二艘航空母舰以及 4 艘可发射导弹的核潜艇。

未来，英国将拥有超过 300 架战斗机，其中 160 架为台风战斗机，这足以使英国成为西欧空军实力最强的国家。凭借两艘新航空母舰和一支配备有弹道导弹的潜水艇舰队，英国将拥有一支规模很小但战斗力很强的海军部队。[166]

未来中国也会继续加大在国防方面的投入，2019 年，中国的国防预算较 2018 年增长了 7.5%。

在不久的将来，印度将拥有规模仅次于俄罗斯的亚洲第二大的海军舰队，以及世界第二大的航空母舰舰队。印度未来预计将拥有 12 艘常规潜艇（包括 7 艘可发射导弹的核潜艇），16 艘轻巡航舰和 4 艘航空母舰。印度还将拥有 800 架战斗机（其中 36 架是法国阵风战斗机），300 架运输机和 650 架直升机。此外还有 100 枚核弹头和 25 枚洲际弹道导弹。

2020 年，朝鲜可能会拥有更多的核武器，[167] 2016 年，朝鲜只有 6~10 枚核弹头。[168] 未来朝鲜还可能会配备常规导弹、化学武器、生物武器。朝鲜甚至还将拥有微型氢弹，威力范围可达阿拉斯加州。

面对这些国家的军事威胁，日本和韩国也会相继研发出具有威慑力的核武器。

韩国将自主研发出导弹系统，在危急时刻，可以在朝鲜采取军事行动前打击其所有的弹道导弹发射点。[169]

以色列将继续保持随时准备战斗的姿态，到 2030 年，以色列将拥有 75 架 F-35 战斗机，并进一步增加核武器数量，加强导弹防御系统。

部分国家会继续加强生化武器的研发，如俄罗斯、伊拉克、朝鲜、叙利亚、伊朗、印度和巴基斯坦等。

非法团体和宗派组织将更加壮大

根据国际刑警组织的报告，到 2030 年，若全球的法制体系和有效管控未能完善和加强，各种犯罪活动和非法行为将构成一个犯罪团伙网络，犯罪团伙将使用所有手段去达到目的，他们将使用更加先进和精密的武器。他们表面上与合法组织并无不同，甚至还会雇用雇佣兵。有了先进的武器和技术,这些犯罪团伙就可以根据各自的专长通力合作。这个横向合作网络的出现将使传统的犯罪等级制度受到很大冲击。在这个犯罪网络里,各个主体既彼此独立又相互协作。这些所谓的游击犯罪分子将有机会使用世界上最先进的武器。

这种有组织的犯罪团体将有能力控制公路货运。外网的使用和企业数据外包使这些"打游击"的犯罪组织有机会潜入系统漏洞。非法交易和非法移民将可以通过这些公路货运进行。全球卫星定位系统提升了网络性能,这一技术将有助于犯罪团体避开当地警察的追踪。

3D打印技术的可以使非法交易活动变得更加个体化:每个人都可以通过在深网上购买样品来仿制知名品牌的商品,不法分子可以合成含毒品成分的药物,也可以制造武器,所有的再次销售和付款过程都可以通过加密货币的线上洗钱通道进行。[170]

大数据为这些犯罪分子提供了更加精密的窃取身份信息的系统。专门窃取身份信息的数据交换市场应运而生,射频识别技术可被用于搜集和编译个人的银行信息(包括银行卡号、贷款历史和购买记录等)。窃取生物特征数据可用来制造新的身份信息,这样就可以躲避海关和警察局的检查。这一技术的发明使毒品运输、贩卖人口和濒危物种等非法交易变得更加便利。我们必须尽快完善法制体系，否则未来会发生更多个人信息被盗窃、篡改的现象，无论是个人、跨国公司还是其他国际组织的利益都会受到威胁。

最后，纳米技术和机器人技术的发展也给这些犯罪组织提供了新的机会，他们甚至可以在大多数企业网络中安装用于秘密监控的智能系统。[171]

愤怒情绪全面爆发

在这样一个复杂的环境下，各个市场主体在经济和政策上均会表现出越来越多的依赖性，这种依赖性会逐渐削弱各国的法制体系，民众的自私和盲目只会让人们更加不顾长远利益，无视他人的幸福，正如我在前一章中阐述的那样，星星之火终将成燎原之势，一场危机将席卷全球。

任何目前在经济或军事领域暴露的小危机都可能是这个星星之火。接下来可能会引发连续的、全方位的经济和军事领域的大危机。换句话说，一个地区性的小危机可以通过连锁反应的形式引发全球的经济危机或军事危机，或兼而有之。

第 3 章 愤怒的爆发

引发全球金融危机和经济危机的 5 个导火索

正如前一章所论述的，本章将进一步论证这样一个事实：即便偿还了目前所有的公共债务和私人债务，推行新的生产方式，再加上经济和科技领域的革新，都不足以维持世界的稳定与平衡。相反，正如我们看到的，人口问题只会造成更多混乱，科技创新也有可能会加重目前的不平等和失业现象。我们将很难找到资金投入到公共服务的建设中。公共债务只会越来越多。

在一个有效的全球法制体系尚未建成的状况下，任何一个经济主体都无法弥补市场经济的不足，我们只能依靠中央银行的扶持来偿还债务。[172] 在这样一个失衡的状况下，所有的预测都将变成事实，一个小小的冲击就可能引发空前的灾难。

下面我将具体谈论可能引发全球危机的几个因素。

1.过度的贸易保护主义。面对全球各国间的竞争和经济衰退，越来越多的国家选择施行贸易保护主义政策。尤其是欧美国家，面对来自亚洲的进口商品以及来自墨西哥、中东地区及萨赫勒地区的大量移民，可能会采取更激进的保护主义政策。[173] 如果这些预测都变成现实，那么随之而来的将是一场全球性的贸易危机以及全世界的经济瘫痪。

2. 欧洲的金融危机。危机爆发的标志性事件可能是意大利或德国银行系统的瘫痪，或是一个欧元区国家在全民公投后决定脱离欧元区，重新使用本国货币。这将导致该国拥有大额存款的民众移民到国外。这场金融危机最初只波及欧洲，继而很快会变成全球性危机。

3. 政府债务带来的巨大经济泡沫。这主要是由于中央银行向市场投入了大量现金，导致流通的货币几乎不再具有任何价值。无论如何，这种负债水平已经到了一个国家难以承担的程度。这将导致银行利率的大幅度提高和物价的普遍上涨。[174] 未来的日本也将危机四伏：日本的财政已经货币化，在未来5年内日本将遭受收支结构严重失衡的打击，主要原因是日本退休人口的比例逐渐上升（这些人为了生存需要花掉全部的储蓄）；日本爆发的危机将导致日元大幅贬值，继而波及世界各国的政府资产，引发现金和黄金的热潮，然后导致全球经济崩溃。

4. 美国的金融危机可能会由影子银行触发。影子银行在美国或其他国家的工业企业中过度的投机行为会导致美国金融体系的崩溃，继而造成一场前所未有的全球危机。

5. 石油价格危机。这主要是由一些恐怖分子、海盗集团或是某个国家导致的，它们对霍尔木兹海峡或马六甲海峡的封锁将导致石油价格上涨到每桶 100 美元以上，进而对全球经济造成灾难性影响。

没有人能够预测这样的一场全球危机的代价有多大，在未来的每一天，上述几个因素随时都有可能引发一场全球危机。这场危机至少会引发连续 10 年的经济衰退和通货紧缩。全世界大部分人的生活水平将不再有提高甚至还会下降，中产阶级生活水平的下降将给一个国家的政治和军事带来灾难性的打击，民主制度也终将难以为继。

引发世界大战的几个因素

随着科技的发展，军事武器的威力越来越大。核武器的扩散，犯罪组织对武器的支配，美国荒诞的行为，以及萨赫勒地区、南海地区、中东地区潜在的混乱和冲突，加上缺乏可信度高的国际组织来及时预防危机，爆发世界大战的可能性似乎每天都在增加。这场世界大战最初可能是由诸多小规模的地区性危机触发的，继而引发了一系列的连环危机。

以下按照严重程度列举了可能引发这场世界大战的几个因素。

未来十五年

1. 中国的海洋危机。在这个地区,不同国家可能引发不同的危机。

未来中国可能会受到来自印度的威胁,印度的人口数量在 2022 年可能会超过中国。若中国想成为一个海洋强国,中国的发展会受到这个地区其他国家(如日本、越南、马来西亚、菲律宾、文莱)的关注。美国将会支持日本,对峙的结果可能会导致冲突。[175]

2. 俄罗斯的重重危机。俄罗斯的人口数量正在急剧减少,老龄化十分严重,目前俄罗斯有 10% 的人口是穆斯林,在俄罗斯东部地区,中国移民的数量正在增加。[176] 俄罗斯目前危机四伏,需要主动做出反应,积极寻找突破困境的方法。

随着气候变暖,西伯利亚的土地会变得非常肥沃。为了掌控西伯利亚的土地,俄罗斯可能会尝试控制克里米亚(依靠乌克兰获得电力)和乌克兰的东部地区。为了让俄罗斯知难而退,美国和欧洲国家可能会联手支持乌克兰,为其提供武器装备,还可能会考虑把乌克兰纳入北约。这也可能成为俄罗斯与欧美国家陷入战争的原因。

俄罗斯还可能会进行干预,尝试把加里宁格勒(俄罗斯的一块飞地)与俄罗斯的其他地区连接起来,特别是在说俄语的少数民族与拉脱维亚、立陶宛或爱沙尼亚的其他民族的矛盾变得紧张的时候。俄罗斯军队具备在三天内入侵波罗的海国家的实力。这会引起对爱沙尼亚的网络攻击（2007年，爱沙尼亚和俄罗斯之间爆发了历史上第一场国家间的网络战争），也会引起波罗的海地区的整体动荡，最初介入的可能是波兰，继而很可能是北约，最后就会酿成一场全球大战。[177]

考虑到白罗斯未来有可能会向西欧倾斜，俄罗斯可能会向白罗斯施加压力，这将引发俄罗斯和北约间的战争。在这样一个局势紧张的时刻，尤其在波兰，若两军对峙，局面很容易失控。

最后，俄罗斯和土耳其之间也有可能发生冲突，这会使因为叙利亚战争和抗击"伊斯兰国"已经元气大伤的地区重燃战火。作为北约的一员，土耳其与俄罗斯之间的战争势必会引起全球冲突。

3. 印度与巴基斯坦的冲突。 如果巴基斯坦对印度发起攻击，印度的精英部队也会进攻巴基斯坦，攻击在印巴边境附近的巴基斯坦核弹基地。为了阻挠印度的进攻，巴基斯坦可能会考虑使用战术核武库（原则上只应在战区使用）。印度似乎并不会区分战术性或战略性地使用核武器，面对巴基斯坦的进攻，印度很可能会大规模地使用核武器进行回击，这可能会引发一场世界性的核战争。

如果巴基斯坦被一个激进的组织控制，那么销毁其核武库将对全世界都有益。首先，印度会进行常规性打击，试图销毁巴基斯坦的核弹头。如果有一些核武器无法被全部销毁，即使冒着会使巴基斯坦人民紧密地团结在新政权下的风险，印度也会派军队进攻巴基斯坦。届时，巴基斯坦的军官面对绝境，会完全凭自己的想法行事，他们很可能会选择用尽所有的核武器，以防这些武器落入敌人之手。

4. **中东危机**。中东的危机将展现在不同层面：基于叙利亚目前的困境，2030年前，叙利亚的政权恐怕就会倒台。伊朗政府可能会因此变得更加强硬，而黎巴嫩的政权可能也会被推翻，巴勒斯坦人民可能会发起暴动，这会使以色列变成种族隔离时期的南非，或者会发生一场针对以色列的核战争。

伊拉克将变成土耳其人、俄罗斯人、美国人、库尔德人和伊朗人的战场，伊拉克人将奋起反击，在各国的冲突中，伊拉克很可能会卷入一场更大的战争中。

在沙特阿拉伯，如果发生政权更迭，这个国家很可能会落入宗教激进主义者手中，届时这个国家生产石油将仅是为了满足那些恐怖分子的需求。很快全球的石油价格就会飞涨，整个欧洲都将卷入这大危机中，这最终将引发世界大战。

最后，在宗教激进主义和军国主义之间摇摆不定的埃及将走向一个新的战场。未来埃及面对水资源短缺的状况也会采取相应举措。埃及的水资源主要来自尼罗河，尼罗河的发源地之一位于埃塞俄比亚境内，尼罗河还流经苏丹，未来若埃塞俄比亚想在尼罗河上游建水坝，势必将引起埃及和埃塞俄比亚之间的冲突。埃及前总统萨达特在1979年曾说过："让埃及重新卷入战争的唯一因素只有水源。"

5. 萨赫勒地区和非洲之角的危机。 2030年，萨赫勒地区、非洲之角和非洲大湖地区的国家若发生战乱会引发一系列后果。非洲的恐怖主义活动将更加猖獗，波及从科特迪瓦到肯尼亚，从尼日尔到埃塞俄比亚的大片区域，导致人口大规模向北非和欧洲迁移。届时有些北非国家将使用武力阻止移民入境。一场新的战争一触即发。

6."伊斯兰国"。"伊斯兰国"的军事策略有两个目的：一方面，旨在重新夺回那些在伊拉克和叙利亚失去的领地，扩大势力范围，同时也要尽可能调动起那些被孤立的战斗人员；另一方面，造成民主国家的动乱，鼓励这些民主国家拒绝接收移民，激起穆斯林和非穆斯林间的对抗，为引起欧洲内部和美国国内的全面战争创造条件。为了达到以上目的，他们将无所不用其极，甚至采用威胁、恫吓、征召入伍、利益引诱、转变信仰、暴力降服等手段，他们发动平民战争的计划为他们带来了源源不断的兵力，也为欧洲国家和"伊斯兰国"间爆发全面战争创造了条件。

大灾难的爆发

未来可能会发生诸多足以毁灭全人类的灾难。这些灾难在2030年前会逐一露出端倪：在不久的将来，水资源的匮乏将波及数十亿人口；全球可能会出现一种无法控制的新型病毒，在人类找到治疗方法前，将导致数十亿人死亡；未来环境恶化的速度将远超人类的预期；生物基因技术实验可能会发生巨大错误，造成不可挽回的损失；人工智能发展的最终结果可能是与人类同归于尽；疯狂的军火商为了自己的利益，将鼓励各国政府和个人使用最新的武器。

一场新的世界大战足以耗尽目前所有可用的核武器、生物武器和化学武器。在美国、中国、印度、日本和非洲，这场战争会造成数亿人死亡；不仅如此，这场灾难将使欧洲数千年来构建的文明和积累的财富付之一炬。

不难发现，正是那些只注重眼前利益的人使人类陷入了悲惨的境地。

如果任由当下的情况不受限制地发展，我相信上文的种种推测最终都将变成事实。人类只有相信这场灾难必然会发生，才有可能去避免这场灾难。

第 4 章
美好的世界

人类是否可以避免经济危机和一切的失序？

这个世界是否有可能摆脱朝着最糟的方向发展的趋势？人类是否仍有机会掌控自己的未来？除了当一个被历史遗弃的旁观者，我们是否还有其他的可能性？

人类是否足够了解自己身处的世界，是否能摸清它的本质，是否能预测即将到来的变革，以及在不远处等待着我们的危机？我们是否有能力驾驭那些复杂又矛盾的信息？

我们是否仍然可以怀抱希望，相信善终将战胜恶？我们是否可以推翻全人类将毁灭的假设？人类是否能不被自己创造的游戏物化？我们是否能逃脱被人类愚蠢的行为摧毁的宿命？人类是否有能力从自身的狂热中找到一点美好？在受到外来文明威胁之前，人类是否能够避免自取灭亡？

未来十五年

人类是否愿意行动起来？我们能否唤醒一个梦游者？我们能否让大家知道那些糟糕的事情并非是无法避免的？

在这样一个疯狂的世界里，我们是否还有希望体面地生活？我们是否还能对自我实现怀有憧憬？

接下来，我将尝试以消极的方式回答这些问题：最坏的情况是可能发生的——到2030年，世界很可能会爆发一场重大危机或置人类于绝境的战争。这一场全球性的危机或战争将造成不可挽回的危害和损失。

极少数人能够意识到我们面对的这些全球性问题是极其复杂的，即使我们完全了解这些问题，可能也无法改变今天人类在地球上种下的一切恶果，或逆转前文提及的那种趋势。

前文的这些疑问都不足以将如今的情况描述清楚，也不足以预言最糟糕的情形。在很久以前，当面对同样境况时，即使人类最杰出的头脑认识到了即将来临的危险，也无法说服自己那一代人行动起来，只能不安地承认在茫茫大海中修好一艘被暴风雨击中的船是不可能的事，这些智者曾经存在的社会在碰到"暗礁"时已经被击碎。今天的情况依然如此，一些先锋已经预言了人类即将遭受的厄运，他们害怕等待这个世界的将是一场致命的灾难，未来世界就像一架没有

第 4 章 美好的世界

飞行员的飞机（甚至连驾驶舱都没有），随时面临着坠毁的危险。

事实上，能够预测灾难的发生并不意味着一定可以避免灾难的发生。比如我们很容易就能预测现在活着的每一个人都会在将来的某一天死去，这是无可避免的；我们可以预测某一天在东京或者洛杉矶的一场地震，却无法阻止它的发生；我们还可以预测总有一天太阳不会再照耀地球。这些情况显然不太一样，人们可以离开受到威胁的地区，却无法逃离地球，也不能逃脱终有一死的命运。面对今天的危机，靠个别人的力量来解决问题终将是徒劳的。

那么，我们是否就注定只能尽力过好我们仅存的日子呢？在危机边缘的人类是否应该放弃尝试解决问题，继续享受这最后的时光呢？我们是否应该做好准备重新回到我们祖先生活的野蛮时代？我们是否可以不再关心下一代的福祉？我们是否可以对这个世界的毁灭充耳不闻、无动于衷？

我不这么认为。

我们可以大胆地希望未来世界不会退化到几十个世纪前的野蛮状态。我们甚至还可以设想，对人类而言，未来世界将变得更加宜居。

为了实现这一愿景，我们应该明白，对每个人来说，他

未来十五年

人的幸福比他人的痛苦更有价值；同时，市场并不能统领整个世界；仅限于一个国之内的民主只是一个骗局；当前的民主制度和市场经济制度都因人类的各种需求偏离了正轨。我们应该引导自己朝着利他主义发展而不是变得更加愤世嫉俗；我们应该意识到合作比竞争更有价值；全人类是一体的，我们需要将人类的道德观和政治组织发展到更高层次。

留给我们的时间已经不多了。世界正在一步步瓦解，倒计时的钟声已经敲响。

人类在精神上和组织上要想改变似乎有些不切实际，更何况在灾难来临前，留给我们的时间非常短暂。

尽管如此，我们还是应该为此努力。努力控制住我们的愤怒情绪，我们不应满足于抗议，或是于事无补的抱怨，也不应满足于比其他人多活一分钟，而应该尝试去修好这艘航行在暴风雨中的船，为在天空遨游的飞机安上一个驾驶舱。在人类历史上曾有成功的案例：在独立战争中，美国宪法的起草者们打败了当时十分强大的英国殖民者；在法国大革命时期，法国人颁布了《人权宣言》；在二战最艰难的阶段，尽管局势十分不稳定，但《联合国宪章》的起草者们仍然决心反对野蛮的独裁统治。他们所有人都在为实现目标而不懈奋斗，随时准备为下一代人和理想奉献自己的生命。

现在，我们再一次面临同样危险的处境。这一次的危机关系到整个地球和全人类的命运。因此，尽管前路荆棘满布，我们仍需尽全力来避免最坏的结局。

为此，我们需要做的，既不是成为乐观主义者，也不是成为悲观主义者，既非屈服，亦非天真。我们应保持愤怒，但目的不是拿起武器毁灭这个世界，而是拒绝接受社会现在的样子和对未来的预言。我们要冷静地找出那些能让历史重新调整方向的杠杆，还每个人一种自由和饱含激情的生活。为此，我们需要采取成效显著的方法来应对危机。人人都要行动起来，以此带动整个世界都行动起来。

从自己做起

一如既往，重大集体变革的发生总是从个人的变化开始的：从自己做起，在世界仍适宜人类居住的时候采取行动。当每个人开始改变自己时，本身就是在改变世界。

但如果我们只满足于在灾难的缝隙中寻找个人幸福，实现自己世俗的野心，我们终将无一幸免，我们将在点滴欢愉中，在成为一个低劣的自我的过程中走向灭亡。若我们不能超脱此刻的愤怒，换以一种仁慈和无私，遵循一种新的道德规范,真诚地生活,不辜负自己和他人,为每个人的生活和下一代人的生活赋予一种意义,让他们也可以自主选择他们自己的生活,那么人类同样也将走向灭亡。

世间万物注定是要走向死亡的,但人们面对死亡的态度往往是绝对否定的,甚至有些执念。因为生命是很奇妙的存在,拒绝死亡意味着要赋予生命一个完整的意义,只有当人类的最高价值被触及时,如在威胁到后代利益的时候,人们才会接受死亡。在这一方面人类已有先驱:比如,在面对纳粹分子时,人们为了维护后代的利益,宁愿舍去生命也要捍卫他们的价值观,其中最重要的是他们对自由、民主的向往和坚持。

今天,人类依然需要牺牲精神。如果我们没有做好战斗和牺牲自己的准备,没有考虑后代的利益,不将利他主义、同理心当作行为标准,只是一味强调个人利益,彰显自己的贪婪和野蛮,那么想要解决目前威胁人类生存的这些问题将如同痴人说梦。

有句外国名言完美表达了我的想法,这句话是真正具有革命性的,在面对各种重大危机时总能奏效——"只有过最高尚的生活才能拯救世界。"

换言之,我们只有用尽全力过上最好的生活,并帮助

第 4 章 美好的世界

他人也这样生活,才能真正拥有一个美好的可持续发展的世界。

我们也可以在一些著名哲学家的理论中找到相似的观点,无论他们是信仰宗教的人还是无神论者,他们都坚信对他人充满爱是一个人幸福的关键。近来一些神经科学的研究也证实了这一点。还有一些经济学家已经把这一理念应用到了实践中。

这意味着我们必须意识到采取行动的必要性和紧迫性——我们必须认识到"范式转变"的必要性。我们可以继续保持愤怒的情绪,但不能在怒火中迷失自己,我们要头脑清醒地促进利他主义的发展;这种愤怒将支撑我们继续建设这个世界,继续心怀他人,但是在此之前,我们首先需要具备对世界提出质疑的勇气。

为了达到这一目的,有些人可能会满足于他们的直觉,满足于他们接受的教育,他们读过的某些书籍,甚至是我在前几章提到的对未来世界的悲观预测。

对其他人来说(包括那些倾向于凭直觉做事的人),未尝不可以让他们一直坚持做某件事,使之深深根植于他们的价值观中,并通过不断地思考和探索来慢慢打磨它。

为了更好地理解这一想法,我建议大家先建立一种清晰而有逻辑的思维过程，遵循下文的 10 个步骤。

在我们正式了解这 10 个步骤并身体力行之前，可能还需要花一些时间来反思自己。为了充分地感受、控制并逐渐消化愤怒的情绪，首先要学会与它保持距离并进行反思，要先控制自己的情绪，然后才能实现良好的自我控制。

接下来，我们可以开始按照这个思路进行实践。需要注意的是每个步骤都要严肃对待，因为每个步骤都会深深触动我们赋予生命的意义，甚至颠覆我们以往的生活方式和对待他人的方式。在我们把这些步骤变成自己行的事准则之前必须仔细斟酌词句。若我们仍有一丝渴望去改变自己和世界，这 10 个步骤可以说是必不可少的：

1. 意识到个体死亡的必然性。

要牢记一个真理，但这个真理却是我们不想面对的：总有一天，这一天可近可远，每个人都将离开这个世界。我们要意识到自己和亲人每天都在一步步靠近死亡。可能所有人都很难想象自己死亡的时刻，更难去面对自己孩子的死亡，但开始设想这些场景就是我们迈出的第一步。

如同晨曦是一日之始，在人类所有的文化中，万物之始都建立在赋予死亡一定意义的基础上。因此我们不必一味向死亡妥协，也不要只顾寻求最后的超脱，我们应牢记生命的唯一性和每时每刻的独特性，意识到成为更好的自己的必要性。我们应该把当下的每一刻都当成生命的最后一刻，并保持着这份神圣的愤怒去反对任何贬低自我，侮辱自我，限制自我和吞没自我的事物。我们应竭尽全力在这个世界留下绚丽的一笔，因为我们也曾为了使这个世界变得更加美好而做出自己的努力。

一旦人类对死亡形成新的观念，当有人因疾病或是其他原因死去时，我们会更加感受到死亡的公正性——它不会偏袒任何人。我们也会意识到世俗的野心，尤其是对金钱和权利的向往在死亡面前一文不值，我们需要做的是合理利用这些欲望，使它们成为实现其他目标的工具。

因此，人类需要重新审视死亡。可能某些人的肉体从这个世界上消失了，但倘若他们生前为这个世界做出了贡献，那么即使他们不在这个世界了，也仍然会继续存在于他人感恩的回忆中。

2. 尊重自己，认真对待自己。

每个人存在于这个世界的时间如此短暂，我们必须分秒必争、物尽其用。但这并不意味着为此我们不能留给自己任何娱乐和休息的时间。若想拥有一个充实的人生，我们需要保证身体和心灵的健康，不去做无意义的事情。

因此，我们对每个目标都应该有较高的要求，这些目标需要有存在的必要性，我们不能不加筛选地一股脑儿都做，无论在工作中还是在个人生活中，我们都应该保持自己的独特性。如果说所有人都是独一无二的，那么这种独一性也应体现在他的生活上。

每个人都可能具备某种形式的天赋和能力，我们需要挖掘出这种天赋并将其发扬光大。找到每个人独有的天赋是成就成功人生的重要前提之一。

3. 找到自己不变的特质。

在这个多元化的社会里，有各种各样的生活方式，但这个社会中依然存在某些不变的事物，即那些每个人都应该珍视的价值观，它们应高于一切事物。这些价值观是每个人无论发生什么都会坚守的信念，这种信念可能是习得的或是与生俱来的，可能是宗教的或世俗的，可能是民间的也可能是政治层面的，但都终将被人们融合消化并转变成自己的价值观。这种价值观也可以是一种行为准则，它规范个体的活动和人类的行为方式，有时也会成为某个家族的行为准则。

这种价值观会为每个人营造一个心理舒适区，在这个舒适区内我们会觉得轻松自在，在这种价值观的指导下，人们永远不会有违背自我意志的感觉。

对我们来说，最重要的是去挖掘内心深处的信念并用自己的方式呈现出来，让他人意识到这些信念的价值。

如果我们都能积极挖掘这些有价值的信念，它们就会变成我们身上最真实的东西，它们会成为我们不惜牺牲生命也要捍卫的事物。当有人想要摧毁我们坚守的信念时，我们的坚持就会显得非常重要。

4. 对他人的行为和未来世界形成自己的见解，不断提出质疑并积极修正错误。

这要求我们保持好奇心和警惕心，不能有先入为主的成见。正如我在前文所说的一般，要不断从不同角度来分析和认识这个世界。

为了达到这个目的，同理心非常重要（也就是说要具备设身处地为他人着想，不轻易下判断，体恤他人难处的能力）。同理心也意味着我们需要尝试去理解他人的价值理念，看到他人好的品质，理解他们追求的事物以及他们的行为方式。有时他人的行为在我们看来也许是自私的、不忠的甚至是充满敌意的。

我们需要意识到这个世界正在走向穷途末路，若我们不想看到发生这种情况，就需要将我们的愤怒用于抵制即将发生的事情，需要把怒火转化为行动的动力，怀着满腔热情去成就更好的自己,同时更好地了解自我和他人的关系。

5. 个人的幸福建立在他人的幸福之上。

一个人幸福与否与世界的好坏息息相关,要知道,个人的不幸往往源于每个个体在面对他人的不幸时熟视无睹或委曲求全的态度。若我们不能乐人之乐,忧人之忧,我们也终将一事无成,尤其当我们对后代也秉持这种利他主义精神时,也是在为自己谋福利。

从理论上来说,没有人必须忍受另一个人的存在,也没有人必须分享他人的苦难或对此承担责任。也许直到我们意识到无论身为何种身份,无论是作为消费者、劳动者还是普通公民,积极地为他人着想都对自己有益处,我们才会欣然接受利他主义。帮助他人,尤其是为后代尽一份力,对我们自己来说也是一种恩惠,对我们每个人都是有利的。

只有当所有人都意识到以上这些事实,我们才能真正实现从追求个体自由到帮助他人实现自由的转变,也只有这样我们才能避免使自己的满腔怒火变成暴力行动。

这种转变是人类文明得以延续的前提条件,这一转变的实现必须依靠践行利他主义,而非其他强加于人的方式。这应是民众自发的,被深刻认知和理解的,无论从理智角度还是情感角度,都应是每个人内心深处真心希望的结果。这就是以上5个步骤的核心思想。

6. 做好同时过上或相继过上多重生活的准备。

人类终有一死,而且我们还无法确定宇宙中是否存在另外一种文明,更无法确定有一天我们是否能再度转世为人。但这些未知都无法阻止我们从即刻起规划我们的多重生活,也不会影响我们付诸实践的勇气,我们要尽可能做出新颖的、有操作性的、符合自己特性的人生规划。

我们要做好多重职业规划和实践这些规划的准备。通过不同的追求自我实现的方式,塑造出不同的人生。

我们要明白,帮助他人是成就自我的最佳方式。

总体来说,我们设想的多重生活是彼此相关的,这需要一定的忠诚度和透明度。对所有人来说,这是一种相互成就的过程,而不是零和博弈。只有这样人类才能采取最有效的方式来对抗衰老和死亡,因为我们每个人都有机会经历多重生活。

7. 随时做好应对危机、威胁、批评、失望和失败的准备。

如前所述,我们需要有奋起反击的勇气,从失败中吸取教训,而不是将失败归咎于他人。永远不要让自己丧失与屈辱、挫败和混乱斗争的勇气和动力。

我们要帮助他人建立独立判断的能力，即使这会导致他们与你的关系疏远；我们也要时刻尊重他人的意见和他们选择的生活方式，即使这可能会危及自己的利益。这才是真正的利他主义。

我们要学会在悲伤中存活下来，不要因为自己是一场自然灾难、一场事故或一场恐怖袭击的幸存者而有负罪感，不要因为一时的情感失败或事业受挫而一蹶不振。一切的挫败都是为了实现最终的目的：成就自我。

8. 一切皆有可能。

对一切看似不可能的事都要抱有一线希望，按照自己的想法付诸实践。任何形式的设想，不论它被证实有多遥不可以，我们都不能轻易放弃（除非有不可辩驳的科学论证，或是不符合道德或法律规范）。

要知道，当我们面对两件看似无法实现的事，其中一件事往往有可能促成另一件事成为现实。

我们要准备好不断学习并改变自己，只有这样我们才能真正实现自己的人生规划。

9. 在完成了以上 8 个步骤之后，我们应怀着谦卑之心，多听取他人的意见，理智地分析现状，更好地践行那些对自我实现具有重要意义的人生规划。

人生规划要尽可能具体、大胆并且具有一定的现实意义。这些规划要在考虑上述内容的基础上拟定，并秉持利他主义原则，这也是完成自我实现的一种手段。任何人的自我实现都是建立在某种程度的利他主义之上的，人们往往在使他人幸福的同时也能够满足自我的需求。当我们的人生规划能够造福后代，我们的后代也将像我们一样发扬利他主义精神，忠实地践行这些原则。

当我们怀着谦卑的态度去践行这些规划，我们才能在现实与之发生矛盾的时候勇敢地质疑它们的合理性。

在实现这些人生规划的过程中，我们的愤怒将转变成行动的动力，我们的精神和身体将变身成发动机。

10. 最后，时刻准备为改变世界而行动。

鉴于上文所述的内容，我们绝不应任由自己变成"屈服的申诉者"，每天满足于抱怨世道的不公，却从不想着为了改变自己或是让世界变得更加美好而努力，这样的人把自己当作一个无力的旁观者，事实上从未为改变现状做出丝毫努力。

我们需要认清一个事实，一旦这个世界陷入危机，所有人的人生规划都会变成无稽之谈，因此从现在开始我们应该为了改变世界拼尽全力。

有鉴于此，在做出努力的同时，我们应谨记切勿以追逐财富或功名作为经世立身的准则，我们应有限地参与各个政党或组织的活动，同时也要避免在政治上出现独裁的局面。

一旦我们对世界有了一个全面的认识，意识到我们需要从当下做起来改变世界，那么现在需要做的就是付诸行动。当我们向这个世界施以善意，并让后代传承这种行为，这个世界方能改变。只有汇集数十亿具有利他主义精神的"自我"才能改变这个世界。这并不意味着我们无须制订一个改变历史进程的全球性规划，也不意味着我们无须践行这个规划。就如播种一样，除了投放种子，还需要制订一个系统的灌溉计划。

最初可能只有几千人，然后是数百万人，很快就会有数十亿人明白这个道理。这些人就是给我们带来希望的星星之火。他们对这个世界有清晰的认识，并选择成为自己希望的样子，他们也懂得一切必须以利他主义为前提。这些人可能是教师、医生、农民、干部、护士、企业家，也可能是普通的工人、学生或是从事其他职业的人。他们在以不同的方式看待这个世界的同时，也在不断地问自己一个问题，这个问题也可作为我们前文的一个总结："为了世人的幸福，我可以做些什么？"他们终将找到这个问题的答案，到那时人们将会收获无限的喜悦和幸福。他们的行为会慢慢引起他人的注意，他们会颠覆一个旧世界，就像当初资本主义推翻了封建主义一样，到那时我们将真正迎来一个美好的世界。

为世界行动起来

通过个别人的行动去改变世界是不切实际的，也势必是徒劳无功的。只有通过千千万万无私的、充满决心的人，一致执行一个大胆的方案，同时对前文分析的现实境况和未来局面有清晰的认知，并逐步展开行动，才有可能奏效。但这样的行为很有可能看上去有些荒谬、天真和不理智。

前文所述的一切都彰显了践行这样一个计划对人类生存的必要性，对保护多元化生活方式的必要性，对实现世界和平的必要性。它同样也是每个个体的人生计划得以实施的前提条件。

前文所述的一切也表明，这个计划需要建立在一个全球性的法律体系的基础上。这个设想从表面看有些过于宏大以至让人觉得有些不切实际。然而，已经有许多人开始思考一个全球性的法律体系应具备的特性，以及需要设立哪些机构来推动它的实现。这些人常常被人们指责为没有身份认同的世界公民，他们的行为被视为对国家的践踏，否认了不同文化的特殊性。但事实并非如此，前文所述的一切同样也表明了能否建立一个全球性的法律体系是决定国家存亡的关键因素。

如果全球数十亿人都可以践行上述计划，挣脱束缚，那么人类将自然而然地回归正轨，迎来一个美好的世界。

一旦清楚地认识到当前刻不容缓的局势——这个世界正在走向毁灭，人们就应该重视当前的问题，承认世界各国相互依赖的程度越来越高，人们应该关注他人的幸福，并在还能够采取行动的最后的时间里，将自己的愤怒转化为具体的行动。

在追求自我实现的过程中，人们会不断有新收获，在新的发现中不断提出新质疑，每个人都可以去战斗、斗争、反思，思考如何在前人的理论和经验的基础上提出一个更加具体有效的方案。

这样的方案将为在各个层次上推动理性的利他主义行动创造有利条件。最终，这个方案的实施也将推动许多制度性的改革。

我知道，这些变革不是在朝夕间就可以促成的，甚至有可能永远都不会实现：这个世界就像一架行将坠毁的大飞机，这些变革将为这架在风暴中飞行的飞机重新修建一个驾驶舱。要想修好这架飞机，飞机上的乘客首先应该认识到修理它的必要性。这是在为自己而行动，但如果不是全人类都行动起来，个别人的行动将是毫无意义的。

更具体地说，原则上只有当一个全球性的法律体系被建立起来时，世界才有可能脱离被利益驱使的命运。

这样一个方案可能需要 50 年才能实现，可能是在全球发生剧烈冲突与斗争之后，也可能是在冲突发生之时。这一方案可以总结成如下 10 个建议（重要性不分先后）。这 10 个建议是实现利他主义和成就自我的必要条件。这些建议可以体现在各国的政治理念和外交政策中。这 10 个建议为：

1. 在教育大纲和法律条文中倡导利他主义精神，要求人们学会宽容与正直。

2. 以联合国大会为核心成立以下 3 个机构：

（1）反映当今世界局势的安全理事会。

（2）组建一个新议会，汇集来自全球各地 30 岁以下的年轻人，听取他们对影响后代福祉的国际决策的看法。这样一个组织可以使用多种统计形式和预测方式，也可以获得全球所有的公共数据。它将有权要求安全理事会听取他们的意见，并享有协商的特权。

（3）组建一个致力于环境保护的国际法庭，推行国际协议及多种法案，以人道主义为准则，明确当代人肩负的使命。

3. 与一切可能引发全球冲突的潜在威胁做斗争。 首先，减少国家间的军备竞赛并严格监控现存协议的执行情况，尤其是要严格控制两用物项和技术[①]的使用，推行更符合现实情况的新协议。

其次，强化欧洲安全与合作组织等机构的职能，及时遏制危机的蔓延；

最后，缓和矛盾，减少军事集团的数量。按照这个观点，北约已经没有继续存在的理由，它应该由一个遵守全球法律规定的治安组织取代。

4. 加强法制建设，强化司法对暴力行为的震慑力，尤其是对妇女和儿童的暴力行为。 尊重现行国际法中关于保障全球安全、保护地球和全球居民的规定，促进利他主义的发展及其在全球性法律体系中的呈现。将更多的资源分配给那些执行任务的组织，例如国际刑警组织、金融情报机构和所有打击国际犯罪的组织。

---

① 两用物项和技术指的是军民两用的敏感物项和技术，以及易制毒化学品的总称。——编者注

敦促国际刑事法院对那些犯下有碍人类利益罪行的个人进行审判。

5. 协调全球经济发展。 为确保全球经济协调发展,联合国安理会需要施行G20的职能,设立一个可以信赖的常设秘书处,并赋予它控制和协调现有国际金融机构资源的职能。

6. 在区块链的基础上发行一种世界货币。 比如可以仿照比特币的形式,由国际货币基金组织发行,为所有人提供最低收入保障。这种数字货币补贴的分配可以交给私人负责,央行全面负责货币的发行,这样就可以避免出现经济泡沫。

7. 在全球范围内,制定统一的土地财产保护制度。 保障小农的经济收益,并为保护土地创造条件。

8. 设立一个全球积极经济基金会,促进利他主义的发展,鼓励人们积极加入造福后代的活动中。 另外,还要建立一个全球性的重大流行病预防中心,鼓励生态农业方面的技术创新,促进旧物回收和可再生能源的发展。

9. 在全世界范围内推动对科学技术的应用。 以有效满足所有人对水资源、医疗、能源、住房、教育和信息方面的基本需求。

**10. 最后,在客观数据的基础上评价企业、城市、地区、

国家和整个世界的发展。若没有客观的调查，我们就无法获得有意义的评估并采取行动。

这样的规划可能看起来像乌托邦，有些不切实际，事实也确实如此。那么在这个充满各种矛盾、混乱不堪的世界里，一切还有可能像我们希望的那样恢复秩序吗？

事实上，无论未来世界发生怎样的变化，大部分政客永远都不会考虑前文所述的问题，他们深陷在19世纪的思维模式里不能自拔。

然而，只有真正实施上述计划才有可能避免这场波及全球的灾难。这就如同在载着全人类的飞机上建造一个驾驶舱，是自救的唯一方法。

真正实施这个计划并不是一个幻想。事实上，人们已经开始为此而努力，实证主义经济学就是很好的例子，其研究者希望为了后代的利益而奋斗，他们认为获得幸福的关键在于给予他人幸福，他们既不追求财富的无限积累也不去争夺他人的财富，他们关注的是如何向他人施以善意以及如何与他人分享。这些追求会在无数个体追求自我实现的过程中一一实现，而这些人也必然是利他主义者，他们的行动会在世界各地获得发展。证实这个计划可行性的最好例子就是上文提及的10个建议里，每一个建议的实现都可以由一个世界性的非政府组织来推动。从这个角度来说，实现这一设想并非是完全不切实际的。

在这个人类自救的规划中，关于法国应发挥的作用，我有如下 10 个建议。这 10 个建议均来自每个人内心最自然的诉求，这也是每个人完成自我实现的必经途径。

1. 加强每个人完成自我实现的能力。提高幼儿园和小学的入学率，以便人们可以更好地融入这个世俗的国家。

2. 使教育变成一种终身学习的过程。包括对生活、科技、知识、哲学和伦理的学习。确保任何人都不会流落街头，确保所有人都有接受教育的机会，人们不会因未受教育而失业，为无家可归的人提供再就业的机会。

3. 保障所有人退休后享有一样的权益。使人们意识到退休是第二个职业生涯的开始，退休后仍可以继续服务他人，尤其是可以在教育领域帮助他人。

4. 嘉奖那些将时间和金钱投入利他主义活动中的人。以此鼓励人们积极参与非政府组织、协会、工会和党派活动。

5. 以全球议程作为法国民主制度的最高准则。

6. 尤为重要的是，推动欧盟成为践行利他主义的典范。为此，欧盟需要设置一个边境警署和一个内部警署，二者一起构建一个共同的防御线；同时，欧盟还需要设立最低工资制度和一系列共同的社会政策，并在发展过程中逐渐补充和完善欧洲的法制体系。另外，我们还需要使所有说法语的国家组成一个强有力的联盟，这个联盟将有共同的法律规范并需要足够的资金发展利他主义活动；我们应帮助萨赫特地区恢复秩序，否则我们完全可以预测这些国家未来的处境有多危险。

7. 注重长远利益。我认为可试行7年一届的法国总统选举制度，并规定总统不可连任，另外，我们还需建立青年协会，所有成员都要在30岁以下，并且由随机选择的方式产生。

8. 关注民众的健康。无论是社会保障机制的制定，还是在学校和工作环境中，都必须关注人们的饮食和体育活动。同时保护好我们的土地，治理空气污染。

9. 为军队、司法部门和警察提供足够的经费来保证所有人的安全。通过国家服务让所有人都有机会参与进来，并逐渐转由一些常备军队保护人们的生命安全。

10. 减少公共债务，减轻后代的压力。

以上提出的种种建议看上去可能超出了人们的能力范围。它们与那些玩弄政治游戏的政客关注的问题风马牛不相及，也与民主人士上演的滑稽剧没有任何联系。

现在，已经到了决定人类命运的紧要关头，只有全人类联合起来，世界才有希望，今天仍有许多人持有这种信念。任何人都不应该再假装无视我们可以预见的一切。话尽于此，无须多言。

致　谢

这本书得以出版，我首先要感谢 Bethsabée Attali, Axelle-Oriane Garnier, Laurine Moreau, Jérémie Attali, Eliot Barragne-Bigot, Louis Cammarata, Bastien Carniel, Florian Dautil, Clément Lamy, Enis Mansour，感谢他们能够多次阅读书稿，和我讨论书中的观点，并与我一起重读了所有的笔记，核对了所有的数据。

我还要感谢 Marie-Jo Dinis，她协助我完成了这本书的文字录入工作。

最后，我要感谢 Sophie de Closets, Diane Feyel, Marie-Laure Defretin 和 David Strepenne，多亏了他们，这本书才得以在法亚尔出版社出版。若这本书中有表达不当之处，欢迎读者来信批评指正（j@attali.com）。

注　释

1. Crédit suisse, « Global Wealth Report 2015 ».
2. OMS, Statistiques sanitaires mondiales, 2015.
3. Development Economics World Bank Group, « Ending Extreme Poverty and Sharing Prosperity : Progress and Policies », octobre 2015.
4. IFPRI, « 2015 Global Hunger Index », 2015.
5. Cambridge Econometrics, « Consumer Prices in the UK : Explaining the Decline in Real Consumer Prices for Cars and Clothing and Footwear », mars 2015.
6. US Bureau of Labor Statistics.
7. *Ibid*.
8. Mary Meeker (KPCB), « Internet Trends 2016, Code Conference », juin 2016.
9. Encyclopedia of Microcomputers, vol. 28.
10. The Size of the World Wide Web.
11. Source : Microsoft.
12. Source : WhatsApp.
13. http://blogdumoderateur.com/chiffres-google/
14. Banque mondiale.
15. European Global Navigation Satellite Systems Agency.
16. www.objetconnecte.net/agriculture-connectee-2701
17. « Tracking Online Education in the United States », Online Report Card, 2015.
18. Jonathan Moules, « MOOCs Help Most Those Without a Degree », *Financial Times*, septembre 2015.
19. « All India Survey on Higher Education », 2013.

20. Wildcat Venture Partners, « China's Startup Boom in Online Learning », juillet 2015.

21. OMS, « From Innovation to Implementation, eHealth in the WHO European Region », 2016.

22. International Federation of Robotics, « World Robotics 2015 Industrial Robots », 2015.

23. « Top 10 Industrial Robot Companies and How Many Robots They Have around the World », *Robotics and Automation News*, juillet 2015.

24. PwC, « The Sharing Economy », 2015.

25. Chiffres rapportés par Cécile Hennion et Christophe Ayad dans un entretien avec Pierre Micheletti, « Le monopole occidental des ONG ne répond plus aux équilibres du monde », *Le Monde*, 21 mai 2016.

26. « Innover par la mobilisation des acteurs : 10 propositions pour une nouvelle approche de l'aide au développement », Rapport d'orientations pour la Direction générale de la mondialisation, du développement et des partenariats, 2014.

27. KPMG, « Philanthropie, l'exception américaine », 2013.

28. David Vine, « The United States Probably Has More Foreign Military Bases Than Any Other People, Nation, or Empire in History », *The Nation*, 14 septembre 2015.

29. « United States Nuclear Forces, 2016. Bulletin of the Atomic Scientists », Hans M. Kristensen et Robert S. Norris, 2016.

30. OMS, « Les niveaux de pollution atmosphérique en hausse dans un grand nombre de villes parmi les plus pauvres au monde », communiqué de presse, 12 mai 2016.

31. D'après Pat Wall, « Responsible Agriculture », International Maize and Wheat Improvement Center in Mexico : www.nature.com/nature/journal/v428/n6985/full/428792a.html

32. OCDE, « Rapport d'étape sur les travaux de l'OCDE concernant les paradis fiscaux », avril 2009.

33. Cour internationale de justice.

34. Banque mondiale, « Women, Business and the Law 2016 : Getting to Equal », 2015.

35. Joshua S. Goldstein, Steven Pinker, « The Decline of War and Violence », *The Boston Globe*, 15 avril 2016.

36. Gareth Cook, « History and the Decline of Human Violence », *Scientific American*, 4 novembre 2011.

37. Michael Shermer, « The Decline of Violence », *Scientific American*, 4 octobre 2011.

38. Hannah Bloch, « Taking the Long View, Is the World Getting More Or Less Violent ? », *NPR*, 16 juillet 2016.

39. Uppsala Conflict Data Program : http://ucdp.uu.se

40. Human Security Report Project, « The Decline in Global Violence Reality or Myth ? », 3 mars 2014.

41. Interview d'Hervé Le Bras par Catherine Calvet, « Le Sahel est une exception démographique », *Libération*, 13 février 2013.

42. Maxime Vaudano, « Migrants : la Méditerranée redevient un cimetière aquatique », *Le Monde*, 6 juin 2016 : www.lemonde.fr/les-decodeurs/article/2016/06/06/migrants-la-mediterranee-redevient-un-cimetiere-aquatique_ 4939137_4355770.html

43. Rémi Barroux, « 48 millions d'enfants migrants ou déplacés de force dans le monde », *Le Monde*, 7 septembre 2016 : www.lemonde.fr/demographie/article/2016/09/07/48-millions-d-enfants-migrants-ou-deplaces-de-force-dans-le-monde_4993616_1652705.html

44. AEE, « L'environnement en Europe : état et perspectives 2015 », mars 2015.

45. *Ibid.*

46. Unesco, Programme mondial pour l'évaluation des ressources en eau, « La pollution de l'eau continue de croître dans le monde entier », 2009.

47. Internal Displacement Monitoring Center, « Global Estimates 2015 : People displaced by disasters », juillet 2015.

48. GIEC, « Cinquième rapport du GIEC sur les changements climatiques et leurs évolutions futures », 2013-2014.

49. OCDE-FAO, « Perspectives agricoles de l'OCDE et de la FAO 2016-2025 », 2015.

50. OCDE, « Agriculture and Water », Réunion des ministres de l'Agriculture, avril 2016.

51. OCDE, « Tackling the Challenges of Agricultural Groundwater Use », mai 2016.

52. Aziz Aris et Samuel Leblanc, « Maternal and fetal exposure to pesticides associated to genetically modified foods in Eastern Townships of Quebec, Canada », *Reprod Toxicol.*, février 2011.

53. Institute for Responsible Technology, « Gluten Disorders : Can Genetically Engineered Foods Trigger Gluten Sensitivity ? ».

54. http://no-patents-on-seeds.org/fr/information/nouvelles/opposition-contre-un-brevet-europeen-sur-la-tomate

55. Statistiques de la Banque mondiale.

56. Emmanuel Saez et Gabriel Zucman, « Wealth Inequalities In The United States Since 1913. Evidence From Capitalized Income Tax Data », octobre 2014.

57. Les chiffres sont ceux avancés par la Commission européenne selon Carl B. Frey et Martin A. Osborne, « The Future of Employment : How jobs are susceptible to computerization », Oxford Martin School, 2013.

58. McKinsey Global Institute, « Poorer than their Parents ? Flat or Falling Incomes in Advanced Economies », juillet 2016.

59. Selon le Pew Research Center, appartient à la classe moyenne un foyer gagnant entre deux tiers et le double du revenu médian, soit entre 42 000 et 125 000 dollars par an pour une famille de trois personnes.

60. Sondage Price, 2013.

61. ONU, Commission économique pour l'Afrique, « Rapport OMD 2015. Évaluation des progrès réalisés en Afrique pour atteindre les Objectifs du millénaire pour le développement », septembre 2015.

62. « Tackling Drug-Resistant Infections Globally. Final Report and Recommendations », *Review on Antimicrobial Resistance*, mai 2016.

63. Citi GPS, « Digital Disruption : How FinTech is forcing banking to a tipping point », mars 2016.

64. Paul J. Davies, « Negative Rates and Insurers : Be Afraid », *Wall Street Journal*, 3 mars 2016.

65. www.lemonde.fr/economie/article/2016/04/18/la-contrefacon-un-marche-de-pres-de-500-milliards-de-dollars_4904439_3234.html

66. Étude du Pew Research Center.

67. Ashley Lutz, « These 6 Corporations Control 90 % of the Media in America », *Business Insider*, 14 juin 2012.

68. « The Elephant in the Room, New Report on Media Ownership », Media Reform Coalition, avril 2014.

69. « Democracy in Australia : Media Concentration and Media Laws », Australian Media Collaboration, avril 2015.

70. Pew Research Center, « State of the News Media 2016 », juin 2016.

71. Arch Puddington et Tyler Roylance, « Anxious Dictators, Wavering Democraties : Global Freedom Under Preasure », Freedom House, 2016.

72. Rapport annuel de Freedom House.

73. Alain Franchon, « La démocratie recule », *Le Monde*, 7 avril 2016.

74. Richard Hiault, « OCDE : Comment récupérer les 240 milliards de dollars d'impôts qui échappent aux États », *Les Échos*, 5 octobre 2015 : www.lesechos.fr/05/10/2015/lesechos.fr/021378823000_ocde-comment-recuperer-les-240-milliards-de-dollars-d-impots-par-an-qui-echappent-aux-etats.htm

75. Richard Rubin, « U.S. Companies Are Stashing $2.1 Trillion Overseas to Avoid Taxes », *Bloomberg News*, 4 mars 2015.

76. Jeremy C. Owens, « Apple Isn't Really Sitting on $216 Billion in Cash », *MarketWatch*, 16 janvier 2016.

77. Jim Edwards, « Goldman Sachs : Half the FTSE 100 is Owned by Foreigners Who Might Sell if There Is a Brexit », *Business Insider UK*, 7 juin 2016.

78. Jean-Philippe Lacour, « Les investisseurs étrangers montent en puissance dans la Bourse allemande », *Les Échos*, 3 juin 2013 : www.lesechos.fr/03/06/2013/LesEchos/214 48-128-ECH_les-investisseurs-etrangers-montent-en-puissance-dans-la-bourse-allemande.htm

79. « Foreign Ownership of Japanese Stock Hits Record for Third Year », *Nikkei Asian Review*, 19 juin 2015.

80. Sue Chang, « Foreign Ownership of U.S. Equities Hits 69-year High », *MarketWatch*, 9 janvier 2015.

81. Opensecrets.org, Top Spenders, 2015.

82. Ian Traynor, « 30 000 Lobbyists and Counting », *The Guardian*, 8 mai 2014.

83. CBS News/New York Times, 8-12 juillet 2016.

84. *Ibid.*

85. D'après Ted Miller, chercheur à l'Institut du Pacifique pour la recherche et l'évaluation.

86. Center for Disease Control and Prevention, « Surveillance for Waterborne Disease Outbreaks Associated With Drinking Water », 2011-2012.

87. Deux rapports publiés en juin 2016 par le Centre pour le contrôle et la prévention des maladies dans le *Journal of the American Medical Association*.

88. Étude conjointe du ministère de l'Éducation américain et du National Institute for Literacy réalisée en 2013.

89. SIPRI.

90. https://fr.sputniknews.com/international/201510221019022657-pyongyang-seoul-armee-securite/

91. AFP, « Pyongyang disposerait de 13 armes biologiques », 17 décembre 2015 : french.yonhapnews.co.kr/

92. Irsem, « La Corée du Nord de Kim Jong-un. Un perturbateur chronique en Asie orientale ? », 2014, d'après le *Livre blanc sur la défense sud-coréen* de 2014.

93. Banque mondiale.

94. *Ibid.*

95. OCDE, « Doing Better for Families », 2011.

96. Sara McLanahan et Gary Sandefur, *Growing Up With a Single Parent*, Harvard University Press, 1994.

97. Miviludes, Rapport au Premier ministre 2011-2012, 2013.

98. Mathieu Carlier, « Comment les sectes envahissent les entreprises », *Huffington Post*, 26 avril 2013.

99. ONUDC, « Criminalité transnationale organisé : l'économie illégale mondialisée », 2009.

100. Chris Matthews, « Fortune 5 : The Biggest Organised Crime Groups in the World », *Fortune*, 14 septembre 2014.

101. Selon une sous-commission britannique des Affaires étrangères, révélé par *The Telegraph* et cité par *Les Échos*.

102. Institute for Economics and Peace, « 2014 Global Terrorism Index », 2014.

103. National Intelligence Council, « Global trends 2030 : Alternative Worlds », décembre 2012.

104. Selon le Center on Religion and Geopolitics de la Tony Blair Faith Foundation, qui produit depuis début 2016 des rapports mensuels sur le nombre d'incidents violents liés à l'extrémisme religieux et à la réponse étatique violente à celui-ci.

105. Eric Lichtblau et Monica Davey, « Homicide Rates Jump in Many Major U.S. Cities, New Data Shows », *The New York Times*, 13 mai 2016.

106. Sophie Eychenne, « Les deux tiers de la population mondiale se déclarent croyants », *Le Monde des religions*, 20 avril 2015 : www.lemondedesreligions.fr/actualite/les-deux-tiers-de-la-population-mondiale-se-declarent-croyants-20-04-2015- 4634_118.php

107. ONU, Département des affaires économiques et sociales, « World Population Prospects : The 2015 Revision », juillet 2015.

108. Statistiques de l'Organisation mondiale de la santé.

109. Chiffres repris de l'OIT par Rémi Barroux, « 230 millions de migrants dans le monde, des flux qui ne cessent d'augmenter », *Le Monde*, 29 mai 2014.

110. Homi Kharas, « The Emerging Middle Class in Developing Countries », Development Centre Working Papers, n° 285, Éditions OCDE, 2010.

111. Deloitte, « La consommation en Afrique. Le marché du XXIe siècle », juin 2015.

112. Grégory Rozières, « Avec la fin de la loi de Moore, la puissance de vos smartphones ne va plus exploser, mais c'est une bonne nouvelle », *Huffington Post*, 28 mars 2016.

113. McKinsey Global Institute, « The Internet of Things : Mapping the Value Beyond the Hype », juin 2015.

114. McKinsey Global Institute, « Disruptive Technologies : Advances That Will Transform Life, Business, and the Global Economy », mai 2013.

115. https://blockchainfrance.net/decouvrir-la-blockchain/cest-quoi-la-blockchain/

116. Encyclopédie Larousse en ligne.

117. McKinsey Global Institute, « Disruptive Technologies : Advances That Will Transform Life, Business, and the Global Economy », *op. cit.*

118. OCDE, « Perspective d'avenir pour la biotechnologie industrielle », 2011.

119. Charlotte Barbaza, « Après les chiens, le clonage de masse d'animaux arrive l'an prochain », *Capital*, 26 novembre 2015 : www.capital.fr/a-la-une/actualites/apres-les-chiens-le-clonage-de-masse-d-animaux-arrive-l-an-prochain-1088285

120. Stuart Dredge, « Three Really Real Questions About the Future of Virtual Reality », *The Guardian*, 7 janvier 2016.

121. Karin Frick & Daniela Tenger, « Smart Home 2030 », GDI, 2015.

122. John P. Reganold et Jonathan M. Wachter, « Organic Agriculture in the Twenty-First Century », *Nature Plants*, 2016.

123. Autodesk, communiqué de presse, avril 2015.

124. Maureen Suignard, Martin Cadoret, « Demain, le numérique aura hacké les temples de l'art », *Libération*, 7 avril 2014 : http://s0.libe.com/fremen/rennes-2013/le-numerique-aura-hacke-les-temples-de-l-art/

125. *Ibid.*

126. www.alphr.com/art/1004252/tate-britain-s-new-ai-finds-art-in-current-affairs

127. PwC, « The Sharing Economy », *op. cit.*

128. Ademe, « Le recyclage : un enjeu stratégique pour l'économie », dossier mis à jour le 20 mars 2015 : www.ademe.fr/expertises/dechets/passer-a-laction/valorisation-matiere/dossier/recyclage/recyclage-enjeu-strategique-leconomie

129. www.lemonde.fr/sciences/video/2016/06/17/recycler-les-dechets-electroniques-avec-de-l-eau-a-500-c_4953064_1650684.html

130. McKinsey Global Institute, « A Labor Market That Works : Connecting Talent With Opportunity In The Digital Age », juin 2015.

131. PwC, « The Sharing Economy », *op. cit.*

132. Ernst & Young, « The Growth of the Middle Class in Emerging Markets », avril 2013.

133. Banque mondiale, « Global Development Horizons. Capital for the Future : Saving and Investment in an Interdependent World », 2013.

134. J. Gabriel Boylan, « 160 Million Missing Girls », *The Boston Globe*, juin 2011.

135. ONU, Département des affaires économiques et sociales, « World Population Prospects : The 2015 Revision », juillet 2015.

136. Gérard-François Dumont, « La géopolitique des populations du Sahel », *La revue géopolitique*, 7 avril 2010.

137. OCDE, « OECD Environmental Outlook to 2030 », 2008.

138. OCDE, « OECD Environmental Outlook to 2050 : The Consequences of Inaction », 2012.

139. GIEC, « Cinquième rapport du GIEC sur les changements climatiques et leurs évolutions futures », 2013-2014.

140. Banque mondiale, « Baissons la chaleur : face à la nouvelle norme climatique », 2014.

141. BRGM, 2011.

142. www.conserve-energy-future.com/various-water-pollution-facts.php

143. ONU, « Rapport mondial 2015 sur la mise en valeur des ressources en eau. L'eau pour un monde durable », 2015.

144. ONU, Département des affaires économiques et sociales, « Population Facts : Trends in International Migration », décembre 2015.

145. Bastien Alex et François Gemenne, « Impacts du changement climatique sur les flux migratoires à l'horizon 2030 », 2016.

146. Carl B. Frey et Martin A. Osborne, « The Future of Employment : How Susceptible Are Jobs to Computerization », *op. cit.*

147. *Ibid.*

148. Michael Chui, James Manyika et Mehdi Miremadi, « Where Machines Could Replace Humans – and Where They Can't (Yet) », McKinsey Quarterly, juillet 2016.

149. Deloitte, « La consommation en Afrique », *op. cit.*

150. https://www.bcgperspectives.com/content/articles/financial-institutions-consumer-insight-global-wealth-2016/?chapter=2#chapter2_section2

151. McKinsey Global Institute, « Poorer Than Their Parents ? », *op. cit.*

152. www.futuristspeaker.com/business-trends/reaching-1-billion-drones-by-2030/

153. Solucom, « Big Data : une mine d'or pour l'assurance », 2015.

154. Statistiques de l'US Department of Agriculture.

155. Banque mondiale, World Development Indicators, International Financial Statistics of the IMF, IHS Global Insight, and Oxford Economic Forecasting, as well as estimated and projected values developed by the Economic Research Service all converted to a 2010 base year.

156. Erin Griffith, « Ones to watch », *Fortune*, 8 juin 2015 : fortune.com/2015/06/08/fortune-500-2025-prediction/

157. KPMG International, « Walking the Fiscal Tightrope », janvier 2013.

158. Franck Dedieu, « Les cinq signes qui font craindre une nouvelle crise économique mondiale », *L'Express*, 7 décembre 2015 : lexpansion.lexpress.fr/actualite-economique/le-temps-de-la-re-crise-economique_1742523.html

159. Intervention de Louis Gautier au colloque « Forces aériennes en 2030. Tendances et ruptures possibles », 21 avril 2016.

160. Jonathan B. Tucker, « The Future of Chemical Weapons », *New Atlantis*, 2010.

161. https://sputniknews.com/world/20160626/1041978229/russia-united-states-navies.html

162. SIPRI, « Trends in World Nuclear Forces, 2016 », juin 2016.

163. Defense News.

164. International Institute for Strategic Studies.

165. Plan stratégique des armées, actualisation 2015.

166. Kyle Mizokami, « The 5 most powerful Navies of 2030 », *The National Interest*, 25 juin 2016 : http://nationalinterest.org/feature/the-5-most-powerful-navies-2030-16723?page=2

167. www.itele.fr/monde/video/nucleaire-la-coree-du-nord-pourrait-posseder-jusqua-100-armes-atomiques-en-2020-113362

168. *Ibid.*

169. Ankit Panda, « South Korea is planning a huge increase in defense spending », *The Diplomat*, 22 avril 2015 : http://thediplomat.com/2015/04/south-korea-is-planning-a-huge-increase-in-defense-spending/

170. Europol, « Exploring Tomorrow's Organized Crime », 2015.

171. *Ibid.*

172. Franck Dedieu, art. cit.

173. Migration policy institute, « Securing Borders. The Intended, Unintended, and Perverse Consequences », janvier 2014.

174. McKinsey Global Institute, « Debt and (not much deleveraging) », 2015.

175. Selon le rapport de Philip A. Karber intitulé « Strategic Implications of China's Underground Great Wall », 2011.

176. Peter Zeihan, « Analysis : Russia's Far East Turning Chinese », ABC News, 2014.

177. https://sputniknews.com/defense/201512121020232574

雅克·阿塔利的其他作品

文集

Analyse économique de la vie politique, PUF, 1973.

Modèles politiques, PUF, 1972.

L'Antiéconomique (avec Marc Guillaume), PUF, 1974.

La Parole et l'Outil, PUF, 1975.

Bruits, PUF, 1977, nouvelle édition, Fayard, 2001.

La Nouvelle Économie française, Flammarion, 1978.

L'Ordre cannibale, Grasset, 1979.

Les Trois Mondes, Fayard, 1981.

Histoires du Temps, Fayard, 1982.

La Figure de Fraser, Fayard, 1984.

Au propre et au figuré. Histoire de la propriété, Fayard, 1988.

Lignes d'horizon, Fayard, 1990.

1492, Fayard, 1991.

Économie de l'Apocalypse, Fayard, 1994.

Chemins de sagesse : traité du labyrinthe, Fayard, 1996.

Fraternités, Fayard, 1999.

La Voie humaine, Fayard, 2000.

Les Juifs, le monde et l'argent, Fayard, 2002.

L'homme nomade, Fayard, 2003.

Raison et Foi – Averroès, Maïmonide, Thomas d'Aquin, Biblio-thèque nationale de France, 2004.

Une brève histoire de l'avenir, Fayard, 2006, nouvelle édition, 2009-2015.

La Crise, et après ?, Fayard, 2008.

Le Sens des choses, avec Stéphanie Bonvicini et 32 auteurs, Robert Laffont, 2009.

Survivre aux crises, Fayard, 2009.

Tous ruinés dans dix ans ? Dette publique, la dernière chance, Fayard, 2010.

Demain, qui gouvernera le monde ?, Fayard, 2011.

Candidats, répondez !, Fayard, 2012.

La Consolation, avec Stéphanie Bonvicini et 18 auteurs, naïve, 2012.

Avec nous, après nous… Apprivoiser l'avenir, avec shimon Peres, Fayard/Baker Street, 2013.

Histoire de la modernité. Comment l'humanité pense son avenir, Robert Laffont, 2013.

Devenir soi, Fayard, 2014.

Peut-on prévoir l'avenir ?, Fayard, 2015.

100 jours pour que la France réussisse, avec la collaboration d'Angélique Delorme, Fayard, 2016.

Le destin de l'Occident : Athènes-Jérusalem, avec Pierre-Henry Salfati, Fayard, 2016.

词典

Dictionnaire du XXIe siècle, Fayard, 1998.

Dictionnaire amoureux du judaïsme, Plon/Fayard, 2009.

小说

La Vie éternelle, roman, Fayard, 1989.

Le Premier Jour après moi, Fayard, 1990.

Il viendra, Fayard, 1994.

Au-delà de nulle part, Fayard, 1997.

La Femme du menteur, Fayard, 1999.

Nouv'Elles, Fayard, 2002.

La Confrérie des Éveillés, Fayard, 2004.

Notre vie, disent-ils, roman, Fayard, 2014.

传记

Siegmund Warburg, un homme d'influence, Fayard, 1985.

Blaise Pascal ou le Génie français, Fayard, 2000.

Karl Marx ou l'Esprit du monde, Fayard, 2005.

Gândhî ou l'Éveil des humiliés, Fayard, 2007.

Phares. 24 destins, Fayard, 2010.

Diderot ou le bonheur de penser, Fayard, 2012.

戏剧

Les Portes du Ciel, Fayard, 1999.
Du cristal à la fumée, Fayard, 2008.
Théâtre, Fayard, 2016.

儿童文学

Manuel, l'enfant-rêve (ill. par Philippe Druillet), Stock, 1995.

回忆录

Verbatim I, Fayard, 1993.
Europe(s), Fayard, 1994.
Verbatim II, Fayard, 1995.
Verbatim III, Fayard, 1995.
C'était François Mitterrand, Fayard, 2005.

报告

Pour un modèle européen d'enseignement supérieur, Stock, 1998.

L'Avenir du travail, Fayard/Institut Manpower, 2007.

300 décisions pour changer la France, rapport de la Commission pour la libération de la croissance française, XO/La Documentation française, 2008.

Paris et la Mer. La Seine est Capitale, Fayard, 2010.

Une ambition pour 10 ans, rapport de la Commission pour la libération de la croissance française, XO/La Documentation française, 2010.

Pour une économie positive, groupe de réflexion présidé par Jac-ques Attali, Fayard/La Documentation française, 2013.

Francophonie et francophilie, moteurs de croissance durable, rapport au Président de la République, La Documentation française, 2014.

其他

Mémoire de sabliers, collections, mode d'emploi, Éditions de l'Amateur, 1997.

Amours. Histoires des relations entre les hommes et les femmes, avec Stéphanie Bonvicini, Fayard, 2007.